前沿零距离

俞京川 2015.9
Yu Jingchuan

2013.
Yu Jingc

前沿零距离

时空的乐章

引力波百年漫谈

卢昌海 著

高等教育出版社·北京

图书在版编目（CIP）数据

时空的乐章：引力波百年漫谈 / 卢昌海编著. -- 北京：高等教育出版社，2019. 1
ISBN 978-7-04-050988-5

Ⅰ. ①时… Ⅱ. ①卢… Ⅲ. ①引力波－普及读物 Ⅳ. ① P142.8-49

中国版本图书馆 CIP 数据核字（2018）第 258359 号

策划编辑 王丽萍　责任编辑 和 静　封面设计 王凌波　版式设计 于 婕
插图绘制 于 博　责任校对 张 薇　责任印制 尤 静

出版发行 高等教育出版社
社　　址 北京市西城区德外大街4号
邮政编码 100120
印　　刷 北京佳信达欣艺术印刷有限公司
开　　本 787 mm × 1092 mm 1/16
印　　张 17.5
字　　数 200 千字
购书热线 010-58581118
咨询电话 400-810-0598
网　　址 http://www.hep.edu.cn
http://www.hep.com.cn
网上订购 http://www.hepmall.com.cn
http://www.hepmall.com
http://www.hepmall.cn
版　　次 2019 年 1 月第 1 版
印　　次 2019 年 1 月第 1 次印刷
定　　价 59.00 元

物 料 号 50988-00

目　录

一.

称不上源头的源头

2016 年 2 月 11 日, 美国激光干涉引力波天文台 (Laser Interferometer Gravitational-Wave Observatory, 简称 LIGO) 宣布探测到了引力波. 这是在经过近半个世纪的不成功尝试之后, 人类首次探测到了这种曾被爱因斯坦 (Albert Einstein) 预言过的现象. LIGO 探测到引力波的消息激起了媒体和公众的极大兴趣, 甚至一度使 LIGO 网站因访客过多而瘫痪. LIGO 探测到的引力波来自距我们约 13 亿光年的一对黑洞的合并, 那对黑洞的质量均数十倍[①]于太阳质量, 其中数倍[②]于太阳质量的巨大部分在合并过程中转变成了能量, 以引力波的形式辐射了出去. 这种引力波的最大功率 —— 单位时间内辐射出的能量的最大值 —— 甚至超过了可观测宇宙中所有星星辐射功率的总和, 实在是壮丽到了极致, 而它被 LIGO 探测到的扰动幅度却比原子核的线度还小得多, 又实在是精微到了难以想象.

这种壮丽而又精微的现象背后有一连串引人入胜的问题, 比如: 引力波究竟是什么? 什么样的物理过程会发射引力波? LIGO 之前的引力波探测为什么不成功? LIGO 又为什么能成功? 我们如何从 LIGO 探测到的比原子核的线度还小得多的扰动中推知出一对黑洞的合并, 甚至还推算出黑洞的质量及合并过程中辐射出的能量? …… 最后但并非最不重要的是: 观测引力波的意义何在? 这一领域的前景何在? 在本书中, 我们将沿着长长的历史足迹, 用文字和数学两种语言, 从理论和探测两个方面, 来讲述引力波的故事, 并对上述问题 —— 以及许许多多其他问题 —— 进行探究.

往历史足迹中看, 引力波的基础是引力理论, 引力理论的源头则在一个几乎称不上源头的地方.

让我们就从那个称不上源头的源头开始讲述引力波的故事吧.

形容一个孩子出生, 乃至形容一个新生事物的诞生, 有一个很

---

① 具体地说是分别约 36 倍和 29 倍.

② 约 3 倍.

俗套的词语, 叫做 “呱呱坠地”. 我们撇开 “呱呱” 不论, 且说说 “坠地”: 重物会 “坠地” 是人类最原始的经验之一, 它的幕后推手则是引力. 因此从某种意义上讲, 引力理论的诞生是真正的 “呱呱坠地” —— 不只是形容, 而真正是源自对重物 “坠地” 的观察.

在这类观察中, 最著名、影响最大的论述出自公元前 4 世纪的古希腊哲学家亚里士多德 (Aristotle). 在他的《论天》(On the Heavens) 一书中, 亚里士多德对物体的运动进行了详细分析, 其中针对单一质地的重物的下落运动 (即 “坠地”), 他给出了这样的论述:

金、铅, 或任何其他有重物体的下落运动的快慢正比于它的大小.

这一论述中下落运动的 “快慢” 指的是 —— 或者说接近于 —— 后世所说的速度还是加速度? 亚里士多德未作直接说明, 不过从他的其他论述中可推测那是指速度③. 类似地, 这一论述中重物的 “大小” 指的是后世所说的体积、质量还是重量? 他也未明说, 不过由于对单一质地的重物来说, 这几者是互成正比的, 故无须区分. 借助这些词义上的澄清, 我们可用现代符号将亚里士多德的重物下落规律表示为:

$$v \propto m \tag{1.1}$$

其中 v 是重物的下落速度, m 是重物的质量.

以时间之早、知名度之高及影响力之大综合而论, 亚里士多德

③ 亚里士多德的很多著作是由授课或听课笔记拼合而成的, 有些甚至是在他去世多年之后才成文的 (因此严格讲, 所谓亚里士多德的观点其实有一部分乃是署名为亚里士多德的观点), 故结构相当松散, 重复累赘、主题分拆之处比比皆是, 常需相互比照着理解或诠释. 另外要说明的是, 不能将亚里士多德未对 “快慢” 的含义作直接说明视为他的疏漏, 因为我们这里所做的乃是用后世的概念去套他的论述, 以便于现代读者理解, 在亚里士多德自己的时代是不存在这些概念的, 从而未作直接说明是很正常的. 对后文的其他类似分析亦当作如是理解.

亚里士多德 (384 BC—322 BC)

的重物下落规律称得上是引力理论的源头. 当然, 这一源头与现代引力理论之间横亘了 2300 多年的岁月, 两者无论从明晰性还是正确性上讲, 都差得很远. 事实上, 尽管澄清了词义, 亚里士多德的重物下落规律依然问题多多. 比如一般的重物下落哪怕在近似意义上也不是匀速的, 却被当成了匀速, 这些就不站在后世的高度上细究了④.

但有一点仍值得说明, 那就是我们虽将亚里士多德的重物下落规律视为引力理论的源头, 但在亚里士多德时代是不存在 "引力" 一词所包含的 "万有引力" (universal gravity) 概念的. 不仅如此, 亚里士多德的重物下落规律甚至连地球引力场这一特例下的引力效

④ 若一定要细究的话, 则亚里士多德的重物下落规律在一种特定情形下是近似成立的, 那就是将规律中的速度理解为重物在特定流体中下落时的终端速度 (terminal velocity)—— 也就是重力与流体阻力平衡时的速度. 但即便作这样的理解, 仍需进一步要求重物的下落运动是所谓的低雷诺数 (low Reynolds number) 运动, 因为这时流体的阻力正比于重物的下落速度, 而重力正比于重物的质量, 故两者的平衡意味着终端速度正比于质量. 不过低雷诺数这一条件对普通物体在空气中从普通高度的下落往往是不成立的.

应都算不上, 因为对亚里士多德来说, 重物之所以下落, 乃是因为它们有趋向“宇宙中心”的天然运动, 跟地球无关. 在《论天》一书中, 亚里士多德这样写道:

若将地球移到如今月球的位置上, 地球上的东西将不再落向它, 而是会落向它目前的位置.

这句话清楚地显示出, 亚里士多德心目中的重物下落并不是落向地球, 而是落向碰巧被地球占据着的当时所谓的“宇宙中心”, 若将地球移走, 重物是不会被地球吸引走的. 从这个意义上讲, 亚里士多德的重物下落规律以现象而论虽是对引力效应的一种描述, 就本意而言, 却跟后世所说的引力理论有着显著区别, 因此我们称这一源头为“称不上源头的源头”.

虽然用后世的标准来衡量, 亚里士多德的重物下落规律无论从明晰性还是正确性上讲都问题多多, 但在 2300 多年前, 这样的论述较之普通人的日常观察, 乃至普通哲学家的定性论述仍有一个突出的优点, 那就是涉及了数量关系——这也是我们之所以将它视为引力理论源头的原因. 在人类探索自然的历史上, 从定性的观察和论述过渡到数量关系是一种重大进展, 因为数量关系的出现不仅意味着定量表述的开始, 而且也开启了定量检验的大门⑤.

不过亚里士多德本人并没有迈进那扇大门, 因为他注重的乃是自然现象, 对在后世科学中扮演重要作用的实验却颇为轻视, 视之为人为现象.

由于只注重自然现象, 亚里士多德的重物下落规律虽涉及了定量表述, 实际上却连定性观察的基础都很薄弱, 而基本是纯粹思辨的结果. 这也并不奇怪, 因为自然现象——尤其是像重物下落那

⑤ 当然, 亚里士多德的重物下落规律并非那个时代对自然现象的唯一定量表述, 古代的天文观测也具有令人瞩目的定量性, 不过对于日常现象, 定量表述在当时还不多见.

样偶然发生的自然现象 —— 不受观察者控制, 从而往往出现在观察者未作准备的情形下, 并且常常转瞬即逝, 观察者只能作粗略而片面的观察. 粗略而片面的观察, 加上闭门造车式的纯粹思辨, 用这种重思辨轻实证的手段得出既不明晰也不正确的结论是不足为奇的[⑥].

遗憾的是, 在实证意识薄弱的早期科学中, 从权威的影响中走出来是不容易的, 因此历史用了很长的时间才完全摆脱亚里士多德的重物下落规律.

当然, 在完全摆脱之前, 零星的异议也是有的. 比如公元前 1 世纪的罗马诗人兼哲学家卢克莱修 (Titus Lucretius Carus) 在其著名长诗《物性论》(On the Nature of Things) 中就曾写道[⑦]:

> 物体在水和稀薄空气中下落时, 它们的下落速度必然正比于重量, 因为水和空气不能以同样的程度阻碍它们, 而是更容易在重物面前退让; 另一方面, 真空在任何时候、任何方向上都不能对任何物体构成阻碍, 而是按其本性持续退让, 由于这个缘故, 任何物体哪怕重量不同, 在真空中都必然以相同的速度下落.

严格讲, 卢克莱修这段文字算不上是对亚里士多德重物下落理论的直接异议, 而只不过是在认可后者的同时, 在后者所考虑的情形之外提出了真空中物体的下落速度与质量无关的附加观点. 而且就连这附加观点也并非卢克莱修的独创. 事实上, 亚里士多德自己在《物理学》(Physics) 一书中就曾提出过同样的观点, 只不过他

---

⑥ 重思辨轻实证并非亚里士多德的个人特色, 事实上, 思辨直到 17 世纪的法国哲学家笛卡儿 (René Descartes) 乃至某些更晚近的哲学家那里, 仍被视为是知识的可靠来源.

⑦《物性论》是用所谓 "抑扬六步格" (dactylic hexameter) 的韵律撰写的, 翻译版本众多, 有诗歌型的, 也有非诗歌型的, 这里是从非诗歌型的英文版转译的, 只译含义, 不管韵律.

以这一观点跟自己的重物下落规律相矛盾为由, 得出了真空不能存在的结论, 而不像卢克莱修那样给予了认同.

用现代符号来表示, 被亚里士多德提出过, 又被卢克莱修所认同的这一真空中的重物下落规律可以写成:

$$v = \text{常数} \tag{1.2}$$

不过这一规律虽在一定程度上往后世的重物下落理论又靠近了一步 —— 因为具备了重物的下落规律与质量无关的重要特征, 却跟亚里士多德的重物下落理论一样是纯思辨的, 而且同样是针对速度而非加速度的.

随着时间的推移, 开始有人从经验乃至实验的角度对亚里士多德的重物下落理论提出了直接并且更细致的异议. 比如公元 6 世纪的神学家兼学者菲罗波努斯 (Joannes Philoponus) 在注释亚里士多德著作时曾经指出:

如果你让一个比另一个重好多倍的两个重物从同样的高度落下, 你会看到运动所需的时间并不依赖于重量之比, 而是相差很小.

菲罗波努斯的这一异议跟晚了1000多年的伽利略 (Galileo Galilei) 对亚里士多德重物下落理论的质疑是相当接近的, 后者在 1638 年出版的名著《关于两门新科学的对话》(Dialogues Concerning the Two New Sciences) 中对亚里士多德是否用实验检验过自己的重物下落规律表示了 "高度怀疑", 并且以代表伽利略本人的萨耳维亚蒂 (Salviati) 与代表亚里士多德学说诠释者的辛普里修 (Simplicio) 对话的形式写道⑧:

亚里士多德说 "一个从一百肘尺高处下落的一百磅铁球在一

⑧ 引文中的肘尺 (cubit) 是一种粗糙的古代长度单位, 定义为人的前臂长度. 一般认为, 古希腊的肘尺约相当于 0.46 米.

个一磅铁球下落一肘尺之前就能落地". 我说他们将同时落地. 你通过实验发现大的比小的领先两个手指的宽度, 也就是说, 当大的落地时, 小的离它只有两个手指的宽度. 我想你该不会将亚里士多德的九十九肘尺藏在这两个手指的背后, 或只提我的小误差而对他的大错误默不作声吧.

伽利略 (1564—1642)

单纯从对上述结论的陈述上讲, 伽利略的质疑跟菲罗波努斯的异议并无太大分别, 都是既指出了亚里士多德的错误, 也承认了不同的重物往往不会严格地同时落地 (因为有空气阻力的影响), 从而有基本相同的周详性. 但伽利略的质疑比菲罗波努斯的异议著名得多, 因为伽利略作为现代实验科学的奠基人, 在结论之外所做的 "功课" 要充分得多, 对重物下落的研究也远比前人的系统和深入得多, 不仅指出了亚里士多德的错误, 而且确立了重物下落的正确规律.

与亚里士多德所推崇的自然现象相比, 实验由于是在观察者有准备乃至精心设计的条件下进行的, 不仅可以得到精密得多的观测结果, 而且还能远远超出自然现象的涵盖范围. 比如在伽利略的时代, 研究重物下落规律的一个很大的困难是地球的表面重力加速度太大, 重物很快就获得了太大的速度, 加上当时的计时手段很不精密, 使人们难以对下落方式进行精密测定. 而伽利略通过诸如斜面上的滚球那样的实验 "稀释" 了重力, 从而确立了重物下落的正确规律为匀加速运动 —— 当然, 假设空气阻力可以忽略. 用现代符号来表示, 伽利略所发现的重物下落规律为 (其中 a 为加速度):

$$a = \text{常数} \tag{1.3}$$

伽利略的发现不仅再次确立了重物的下落规律与质量无关的重要特征, 而且将其中的核心物理量由速度改为了加速度. 自那之后, 由于实验科学的崛起, 证据以无法遏制的步伐趋向雄辩, 亚里士多德的重物下落规律很快就被完全摆脱了. 为了纪念伽利略的巨大功绩, 1971 年, 美国登月飞船 "阿波罗 15 号" (Apollo 15) 的宇航员斯科特 (David R. Scott) 在月球表面无空气阻力的环境下, 向地球上的亿万电视观众演示了一个铁锤和一片羽毛以相同方式落向月面的情形, 为伽利略的重物下落规律作了极富戏剧性的展示.

不过伽利略对重物下落规律的研究也有一个显著的局限, 那就是只涵盖了运动学 —— 即重物是如何下落的, 而未涉及动力学 —— 即重物为什么会下落, 因为伽利略同样没有万有引力的概念. 不过伽利略的研究虽只涵盖了运动学, 他将核心物理量由速度改为加速度, 却为动力学研究乃至万有引力的发现埋下了伏笔.

万有引力的发现还得再等一个人.

一个 "万有" 的东西照说该是很容易被发现的, 为何 "万有" 引力却屡屡躲过人们的视线呢? 这是因为引力在普通物体之间十分微弱, 从而使经验范围内的引力效应分成了重物下落和天体运动这两个貌似毫无关联的领域. 从这两个领域中洞察出相似性需要第一流的智慧, 而证明这种相似性则需要第一流的数学才能.

在伽利略去世的那一年 —— 1642 年 —— 一位兼具这种智慧和数学才能的科学巨匠诞生了, 他的名字叫做牛顿 (Isaac Newton).

二. 从牛顿引力到爱因斯坦时空

1687 年, 牛顿出版了一部名为《自然哲学的数学原理》(Mathematical Principles of Natural Philosophy) 的著作, 建立了以牛顿三大运动定律 (Newton's three laws of motion) 为基础的动力学体系. 在这一动力学体系中, 与具体计算关系最为密切的"第二运动定律"可用现代符号表示为:

$$\boldsymbol{F} = m\boldsymbol{a} \tag{2.1}$$

其中 m 是物体的质量, $\boldsymbol{F}$ 是作用在物体上的力, $\boldsymbol{a}$ 是物体的加速度[①]. 这一定律引进了作为 (变速) 运动原因的力的概念, 并将之与运动的加速度定量地联系了起来.

与引进力的概念相匹配地,《自然哲学的数学原理》一书的另一项重大成就是具体给出了一种力 —— 而且是有着基础意义的力 —— 的规律, 这种力就是万有引力, 这一规律被称为牛顿万有引力定律 (Newton's law of universal gravitation). 牛顿万有引力定律给出了两个间距为 r, 质量分别为 M 和 m 的物体之间的引力 F, 其具体形式为[②]:

---

① 确切地说, 为便于跟前文衔接, (2.1) 式采用的是质量不变情形下的牛顿第二运动定律. 牛顿给出的原始形式用现代符号表示为 $\boldsymbol{F} = \mathrm{d}(m\boldsymbol{v})/\mathrm{d}t$, 即力等于动量的变化率, 适用面比 (2.1) 式更广.

② 这里要说明的是: 牛顿对万有引力的研究比《自然哲学的数学原理》一书的出版早了约 20 年, 其间有过错误和不完善. 与牛顿同时代的学者中有数人也猜到了引力的平方反比规律, 而且从历史的角度讲, 他们与牛顿之间并不愉快的互动对牛顿的研究不无助益. 不过万有引力定律的确立涉及几个很重要的层面, 比如为了证明万有引力定律可以解释天体运动, 需在开普勒定律与万有引力定律之间进行相互推导 (其中用到了牛顿运动定律); 又比如万有引力定律的原始适用条件是大小相对于间距可以忽略的物体, 这对天体基本成立, 对地球上的重物下落却并不成立 (因为地球本身显然不满足这一条件), 需额外证明球对称物质分布产生的引力相当于物质全部集中在球心; 而在更一般的物质分布下还需用到微积分手段. 当时能从数学上胜任所有这些的只有牛顿, 因此将万有引力定律的发现归功于牛顿并冠以他的名字是毫不过分的. 另外要补充的是: (2.2) 式给出的只是万有引力的大小, 其方向则由引力的吸引特性所确定, 即每个物体所受来自另一个物体的引力总是指向另一个物体.

$$F = \frac{GMm}{r^2} \tag{2.2}$$

出现在这一公式中的 G 是一个普适常数, 称为牛顿万有引力常数 (Newton's universal gravitational constant). 当然, 这是以现代符号加以表述的结果, 牛顿的《自然哲学的数学原理》一书虽总体上是相当数学化的 (不过所用的数学工具偏于古典几何而非牛顿自创的微积分), 对定律的表述却是文字化的, 因而并未直接提供如 (2.2) 式那样的数学形式.

由上述牛顿第二运动定律 (2.1) 式和万有引力定律 (2.2) 式可以很容易地推出伽利略所发现的重物下落规律 (1.3) 式, 因为 (2.2) 式表明物体所受的引力正比于它的质量, 而 (2.1) 式告诉我们物体在给定外力的作用下运动时, 加速度反比于它的质量. 力正比于质量, 加速度反比于质量, 质量因此而被消去, 从而物体在引力作用下的加速度与它的质量 —— 以及其他性质 —— 无关. 具体地说, 在没有其他外力的情形下 (除非有特殊需要, 这一条件在下文中将不再提及, 但始终假定为成立), 任何物体在与之相距 r, 质量为 M 的物体的引力作用下运动的加速度为:

$$a = \frac{GM}{r^2} \tag{2.3}$$

很明显, (2.3) 式右侧给出的正是 (1.3) 式中的常数, 在后世的术语中, 也被称为质量为 M 的物体在与之相距 r 处产生的引力场 —— 或者更确切地说是引力场的场强③. 利用牛顿的万有引力

③ 当然, 无论加速度还是引力场的场强都是有方向的, (2.3) 式给出的只是大小, 其方向则跟引力的方向一样, 指向质量为 M 的物体 (在更一般的物质分布下则大小和方向都要用微积分手段来计算). 另外要说明的是: 将这些结果具体应用到地球引力场中的重物下落, 除了用到前一注释提到的 "球对称物质分布产生的引力相当于物质全部集中在球心" 这一结果外, 还隐含了物体的大小及下落的高度相对于物体与地心的距离可以忽略这一近似度很高的额外假设.

概念及后世引进的引力场这一术语, 伽利略发现的重物下落规律可以重新表述为: 物体在引力场中的加速度由物体所在之处引力场的场强所决定, 而与它的质量 —— 以及其他性质 —— 无关. 这样, 牛顿万有引力定律就不仅涵盖了伽利略所得到的有关重物如何下落的运动学结论, 而且从动力学上解释了重物为什么会下落, 完成了伽利略未能涉及的部分.

牛顿 (1642—1727)

关于牛顿万有引力定律, 还有一点值得说明的是: 后世的物理学家喜欢把表示万有引力定律的 (2.2) 式中的质量称为 “引力质量” (gravitational mass), 以区别于表示牛顿第二运动定律的 (2.1) 式中的 “惯性质量” (inertial mass). 更有甚者, “引力质量” 还被进一步区分为产生引力的所谓 “主动引力质量” (active gravitational mass) 和感受引力的所谓 “被动引力质量” (passive gravitational mass). 这些质量的彼此相等则被视为额外的原理. 这种后世物理学家出于表述其他观念的便利而引进的繁琐性在牛顿的原始表述中是不存在的. 关于引力与质量的关系, 牛顿的原始表述是:

引力普遍存在于所有物体之间, 正比于每个物体的物质的量.

而所谓 "物质的量" (quantity of matter) 则正是《自然哲学的数学原理》开篇第一个定义所给出的、被后世称为 "惯性质量" 的质量, 也是牛顿引进的唯一质量概念.

牛顿万有引力定律是真正的引力理论, 而且可以说是物理史上第一个称得上辉煌的理论. 天体的运行、大海的潮汐都近乎完美地遵循着牛顿万有引力定律, 借助这一定律的威力, 天文学家们甚至像大侦探一样, 依据已知天体的运动推断出了太阳系第八大行星 —— 海王星 —— 的存在乃至位置, 谱写了物理史上最令人印象深刻的篇章之一④.

但科学并没有在辉煌中沉醉. 牛顿万有引力定律虽然辉煌, 它的一个特点却在另一位科学巨匠眼里成了问题, 那位科学巨匠的名字叫做爱因斯坦.

1905 年, 爱因斯坦提出了著名的狭义相对论 (special relativity). 狭义相对论一问世, 牛顿万有引力定律就成了一个老大难问题. 这是因为牛顿万有引力定律有一个特点, 那就是不含时间, 从而意味着引力的传播是瞬时的. 不幸的是, 狭义相对论却有一个速度上限: 光速 (speed of light). 瞬时传播的引力跟有速度上限的狭义相对论显然是相互冲突的, 用爱因斯坦本人的话说: "以自然的方式将引力理论与狭义相对论联系起来很快就被发现是不可能的了⑤."

这个牛顿万有引力定律与狭义相对论相互冲突的问题深深吸

④ 对这一发现感兴趣的读者可参阅拙作《那颗星星不在星图上: 寻找太阳系的疆界》(清华大学出版社 2013 年 12 月出版).

⑤ 值得注意的是, 牛顿本人对自己的万有引力定律也不无疑虑, 因为这一定律所描述的是跨越真空而起作用的所谓 "超距作用" (action at a distance), 在牛顿看来是荒谬的. 虽然牛顿的着眼点是万有引力的 "超距作用" 而非瞬时传播特点, 但这两者是相辅相成的, 并且消解的方法也是共同的, 因此牛顿的疑虑具有令人钦佩的前瞻性.

引了爱因斯坦的注意力. 1907 年, 他应德国《放射性与电子学年鉴》(Jahrbuch der Radioaktivität und Elektronik) 期刊编辑斯塔克 (Johannes Stark) 的约稿撰写一篇题为 "关于相对性原理和由此得出的结论" (On the Relativity Principle and the Consequences Drawn from It) 的综述. 在那期间, 他忽然在思考这一问题上取得了后来被他称为 "一生中最快乐的思想" 的概念突破.

这一突破究竟是什么, 又是如何产生的呢? 1922 年 12 月 14 日, 爱因斯坦在日本京都大学的一次题为 "我是如何创立相对论的" (How I Created the Theory of Relativity) 的演讲中作了回顾:

> 我坐在伯尔尼专利局的办公室椅上, 一个想法突然闪了出来: 如果一个人自由下落, 他将感受不到自己的重量. 我吃了一惊. 这个简单的思想实验给我留下了深刻印象, 将我引向了引力理论. 我继续自己的思考: 一个下落的人是加速着的, 因此他的感受和判断是在加速参照系中发生的. 我决定将相对论推广到加速参照系. 我觉得这样做将能同时解决引力问题.

爱因斯坦 (1879—1955)

沿着这一思想实验的启示, 爱因斯坦提出了著名的等效原理 (equivalence principle), 即引力场中任何一个时空点附近都存在所谓的局域惯性参照系 (locally inertial reference frame), 其中的物理规律与不存在引力场时的惯性参照系里的物理规律相同⑥. 依据这条原理, 爱因斯坦思想实验中自由下落的人之所以感受不到自己的重量, 是因为他的自由下落使他处于了局域惯性参照系中, 从而引力场仿佛不存在了.

等效原理是一条新原理, 但它的根基是古老的, 深植于被伽利略等人注意到, 并经牛顿万有引力定律所确认的 "物体在引力场中的加速度由物体所在之处引力场的场强所决定, 而与它的质量 —— 以及其他性质 —— 无关" 这一规律上. 因为否则的话, 假如组成人体的各种物质在引力场中的加速度因任何性质的差异而各不相同, 则哪怕自由下落也无法 "感受不到自己的重量", 更遑论其他物理规律与惯性参照系里的物理规律相同了.

等效原理为构建新的引力理论提供了思路, 因为局域惯性参照系里的物理规律既然与不存在引力场时的惯性参照系里的物理规律相同, 那就可以由狭义相对论来描述. 那么引力场中的物理规律是什么呢? 答案就在爱因斯坦那 "一生中最快乐的思想" 里, 也就是 "将相对论推广到加速参照系".

具体地说, 狭义相对论有一条所谓的 "相对性原理" (principle of relativity), 它要求物理规律在所有惯性参照系中都具有相同形式, 而 "将相对论推广到加速参照系" 则要求物理规律哪怕在非惯性参

⑥ 某些广义相对论著作对等效原理进行了细分, 在那样的细分下, 这里所介绍的等效原理被称为 "强等效原理" (strong equivalence principle). 另外要提醒读者的是, 等效原理其实允许一些微妙的、并不妨碍广义相对论的例外, 对这一点感兴趣的读者可参阅拙作 "从等效原理到爱因斯坦–嘉当理论" (收录于《因为星星在那里: 科学殿堂的砖与瓦》一书, 清华大学出版社 2015 年 6 月出版).

照系 —— 也就是任意参照系 —— 中也具有相同形式, 这被称为广义相对性原理 (generalized principle of relativity), 其数学表述被称为广义协变原理 (principle of general covariance). 在此基础上最终构建出来的引力理论则被称为广义相对论 (general relativity).

依据等效原理, 引力场 "有" 和 "无" 的区别 —— 局域地讲 —— 只是参照系的区别, 从而可以通过从局域惯性参照系到一般参照系的坐标变换来体现, 具体的体现方式则由广义协变原理所确定. 这听起来有些抽象, 做起来其实并不复杂, 因为在狭义相对论之后, 基础物理定律已大都表述为了具有洛伦兹协变性 (Lorentz covariance) 的张量方程, 这种方程距离广义协变原理的要求只有一步之遥, 我们要做的只是将局域惯性参照系中洛伦兹协变的张量方程改写为在任意坐标变换下都成立的所谓广义协变的张量方程即可. 这虽偶尔会出现需通过物理分析加以排除的歧义, 一般而言在数学上是轻而易举的, 往往只需依照所谓的 "最小替换法则" (minimal substitution rule), 将狭义相对论中的闵可夫斯基度规 (Minkowski metric) $\eta_{\mu\nu}$ 换成一般度规 $g_{\mu\nu}$, 将普通导数 ∂_μ 换成协变导数 ∇_μ 即可. 从这个意义上讲, 广义协变原理对物理规律基本不构成约束 (但作为数学要求则是很强的). 一旦物理规律被表述为广义协变形式, 引力场的影响 —— 即引力效应 —— 也就被涵盖在内了.

不过这一切对于构建广义相对论来说都是外围的东西, 因为漏掉了一个最重要的因素, 那就是引力场本身的规律. 其他物理规律都可以通过将局域惯性参照系中的 —— 也就是狭义相对论中的 —— 物理规律改写为广义协变形式而得到, 唯独引力场本身的规律不行, 因为引力在局域惯性参照系中是不存在的.

那么引力场本身的规律该如何得到呢? 刚才提到的 "最小替换法则" 其实已给出了一个重要提示. 因为 "最小替换法则" 意味着

引力效应全都体现在了闵可夫斯基度规与一般度规、普通导数与协变导数的区别上. 而从数学上讲, 这种区别归根到底就在于度规(因为普通导数与协变导数的区别实质上亦是度规之别). 既然引力效应归根到底就体现在度规上, 我们可以猜测, 描述引力场的规律可以用度规 $g_{\mu\nu}$ 本身所满足的某个张量方程来描述.

爱因斯坦的研究确认了这一点, 这也是他在创立广义相对论过程中付出的最艰辛的努力.

为了看出究竟什么样的张量方程可以描述引力场, 我们考察一下在没有其他外力的情形下物体在引力场中的运动. 依据等效原理, 在局域惯性系中, 该运动是匀速直线运动, 运动方程为:

$$\frac{\mathrm{d}x^\mu}{\mathrm{d}^2\tau} = 0 \tag{2.4}$$

其中 τ 是所谓的仿射参数 (affine parameter), 对有质量物体来说通常选为固有时 (proper time). 依据广义协变原理, 引力场中的物体运动方程乃是上述方程的广义协变形式, 也就是众所周知的测地线 (geodesic line) 方程⑦:

$$\frac{\mathrm{d}x^\mu}{\mathrm{d}^2\tau} + \Gamma^\mu_{\nu\lambda}\left(\frac{\mathrm{d}x^\nu}{\mathrm{d}\tau}\right)\left(\frac{\mathrm{d}x^\lambda}{\mathrm{d}\tau}\right) = 0 \tag{2.5}$$

其中的 $\Gamma^\mu_{\nu\lambda}$ “马甲” 众多, 名称相当混乱, 有时称为克里斯托费尔联络 (Christoffel connection), 有时称为列维–奇维塔联络 (Levi-Civita connection), 有时称为黎曼联络 (Riemannian connection), 有时甚至笼统而不严格地称为联络. 我们姑取其中最著名的人物, 称其为黎曼联络, 它是由度规的导数构成的. 不难证明, 在物体运动速度远小

⑦ 有读者也许会问: 测地线方程 (2.5) 式可以用前面提到的 “最小替换法则” 得到吗? 答案是肯定的. 事实上, 局域惯性参照系中的运动方程 (2.4) 式可以表示为 $u^\rho\partial_\rho u^\mu = 0$ (其中 u^μ 是四维速度), 运用 “最小替换法则” 可将之改写为 $u^\rho\nabla_\rho u^\mu = 0$, 其分量形式正是 (2.5) 式.

于光速的情形下, 上式的空间部分可近似为:

$$\frac{\mathrm{d}x^i}{\mathrm{d}^2t} = -\Gamma^i_{00} \tag{2.6}$$

由于 $\mathrm{d}x^i/\mathrm{d}^2t$ 就是物体的加速度, 因此将 (2.6) 式与 (2.3) 式相比较, 并注意到 (2.3) 的右侧乃是引力场的场强, 我们便可得到一个粗略但富有启发性的对应, 那就是黎曼联络对应于引力场的场强⑧. 如果进一步考虑到引力场的场强是引力势的导数, 而黎曼联络则是由度规的导数构成的, 我们还可以得到另一个粗略但富有启发性的对应, 那就是引力势对应于度规.

有了这些启发性的对应, 描述引力场的方程就呼之欲出了, 因为建立在牛顿万有引力定律基础上的引力场方程是所谓的泊松方程 (Poisson's equation):

$$\Delta\varphi = 4\pi\rho \tag{2.7}$$

这里我们略去了牛顿万有引力常数 G. 在本书中, 这一常数及光速 c 通常将被略去 (相当于采用 $c = G = 1$ 的单位制), 只在有特殊需要 —— 比如计算数值 —— 时才会予以恢复 (恢复的方法是量纲分析). 由于泊松方程 (2.7) 式是关于引力势的二阶线性微分方程, 而我们刚才已经注意到了引力势对应于度规, 因此它启示我们寻找一个关于度规的二阶微分方程, 并且关于二阶导数是线性的. 当然, 它还必须是张量方程, 以便满足广义协变原理. 另一方面, 泊松方程的右侧是作为引力源的物质的质量密度, 这启示我们引进在狭义相对论中已被普遍采用的描述物质分布的能量动量张量 $T_{\mu\nu}$ 作为引力场方程的右侧, 在非相对论近似下, 它的一个分量正是质量密度.

---

⑧ 顺便说一下, 由此可以得到等效原理的一种数学表述, 那就是: 在引力场中任何一个时空点附近都存在特殊的坐标系 (即局域惯性参照系), 其中的度规为闵可夫斯基度规, 而黎曼联络为零 (即引力场为零).

将这些启示综合起来, 引力场方程的形式可确定为右侧是能量动量张量 $T_{\mu\nu}$, 左侧是一个关于度规 $g_{\mu\nu}$ 及其导数的二阶张量 (因右侧的能量动量张量是二阶张量, 左侧也必须是二阶张量). 不仅如此, 左侧的二阶张量还必须只包含度规的不超过二阶的导数, 并且关于二阶导数是线性的. 初看起来, 这样的条件相当宽泛, 但源自广义协变原理的广义协变性极大地限制了方程的形式. 事实上, 在数学上可以证明, 满足上述条件的引力场方程左侧的二阶张量必定具有 $\alpha R_{\mu\nu}+\beta g_{\mu\nu}R+\gamma g_{\mu\nu}$ 的形式. 这里 $R_{\mu\nu}$ 是所谓的里奇曲率张量 (Ricci curvature tensor), R 是 $R_{\mu\nu}$ 的缩并, 称为曲率标量 (curvature scalar), α、β 和 γ 则皆为常数. 更令人满意的是, 引力场方程右侧的能量动量张量 $T_{\mu\nu}$ 还必须满足广义协变形式的能量动量守恒定律 $\nabla^{\mu}T_{\mu\nu}=0$, 这对方程左侧作出了进一步限制, 要求 $\beta=-\frac{1}{2}\alpha$. 将这些结果综合在一起, 并辅以弱场近似下引力场方程等同于泊松方程这一额外要求 (这一要求可用来确定左右两侧的比例系数), 可将引力场方程 —— 也就是广义相对论的基本方程 —— 最终确定为:

$$R_{\mu\nu}-\frac{1}{2}g_{\mu\nu}R-\Lambda g_{\mu\nu}=8\pi T_{\mu\nu} \tag{2.8}$$

这其中左侧的最后一项 —— $\Lambda g_{\mu\nu}$ 项 —— 被称为宇宙学项 (cosmological term), 其中常数 Λ 被称为宇宙学常数 (cosmological constant). 宇宙学项从单纯理论推导的角度讲处于一个灰色地带, 因为严格贯彻 "弱场近似下引力场方程等同于泊松方程" 这一要求其实是可以排除这一项的, 但只要宇宙学常数 Λ 足够小, 这一项的存在既不破坏广义协变性, 也不会与经验意义上的泊松方程相矛盾, 因此是可以允许的. 在历史上, 宇宙学项的命运颇有戏剧性, 爱因斯坦最初创立广义相对论时是不包含宇宙学项的, 后来出于寻找一个静态宇宙模型的需要, 他引进了宇宙学项. 等到静态宇宙模型被观测否定之后, 宇宙学项也一度失了宠. 但到了 20 世纪末, 精密的宇宙学观测重新确立了宇宙学项的必要性, 使后者 "王者归来"[9].

宇宙学项对于宇宙的长远未来有着极重要的影响, 但对于本书所涉及的话题却关系不大, 因此将予略去. 略去了宇宙学项的引力场方程为:

$$R_{\mu\nu} - \frac{1}{2}g_{\mu\nu}R = 8\pi T_{\mu\nu} \tag{2.9}$$

这就是本书将要采用的基本方程, 也称为爱因斯坦场方程 (当然, 包含宇宙学项的场方程也同样称为爱因斯坦场方程), 是爱因斯坦 1915 年得到的[10]. 由于整个推导是从局域惯性参照系中满足狭义相对论的物理规律开始延展的, 因此广义相对论确如爱因斯坦所预期的, 自动解决了将他引导到引力理论上来的牛顿万有引力定律与狭义相对论不相容的问题. 当然, 上面的叙述是高度浓缩和简化了的广义相对论发展史, 且偏于概念发展的逻辑线索而并不严格对应于爱因斯坦的努力. 从单纯历史的角度讲, 广义相对论的发现其实还有很多额外的曲折性, 这里就不细述了[11].

爱因斯坦场方程远比电磁场方程复杂, 因为它是非线性的. 不过这是意料中的结果, 因为跟电磁场本身不带电荷不同, 引力场本身就带有能量动量, 从而本身就能产生引力场[12]. 此外, 爱因斯坦场方程还有一个鲜明特点, 那就是右侧有赖于物质, 而左侧只跟时空有关 —— 因为左侧的所有项都是由度规及其导数构成的. 不仅如

---

[9] 对宇宙学项的历史感兴趣的读者可参阅拙作 "宇宙学常数、超对称及膜宇宙论" (收录于《泡利的错误: 科学殿堂的花和草》一书, 清华大学出版社 2018 年 10 月出版).

[10] 确切地说, 爱因斯坦得到的场方程是 $R_{\mu\nu} = -8\pi(T_{\mu\nu} - \frac{1}{2}g_{\mu\nu}T)$, 其中 T 是 $T_{\mu\nu}$ 的缩并, 不过它与我们采用的形式只有约定等方面的差别, 实质上是等价的.

[11] 对广义相对论的发展历史感兴趣的读者可参阅拙作 "希尔伯特与广义相对论场方程" (收录于《小楼与大师: 科学殿堂的人和事》一书, 清华大学出版社 2014 年 6 月出版).

[12] 不过, 引力场本身的能量动量是广义相对论研究中一个很困难的课题, 对这一课题感兴趣的读者可参阅拙作《从奇点到虫洞: 广义相对论专题选讲》(清华大学出版社 2013 年 12 月出版).

此, 左侧的里奇张量乃是时空曲率张量 (curvature tensor) 的缩并, 在一定程度上描述了时空的弯曲. 这种漂亮的几何意义, 外加前面提到过的引力效应 —— 具体地说是引力对物质运动的影响 —— 体现在度规上这一结论, 使美国物理学家惠勒 (John Archibald Wheeler) 用了一句很精炼的话来概述广义相对论的特点, 那就是 “时空告诉物质如何运动, 物质告诉时空如何弯曲”.

在爱因斯坦的这种全新的引力理论中, 传统的牛顿引力消失了, 取而代之的是弯曲的时空, 为了纪念爱因斯坦的巨大贡献, 我们称这种时空为爱因斯坦时空. 在爱因斯坦时空中, 纯粹牛顿引力作用下的曲线运动成了爱因斯坦时空中的 “直线” (即测地线) 运动⑬.

从亚里士多德算起, 经过了 2200 多年, 从伽利略和牛顿算起, 经过了 200 多年, 我们终于迎来了广义相对论与爱因斯坦时空. 从牛顿引力到爱因斯坦时空是科学史上最激动人心的进展之一. 如今距离那一进展又过去 100 多年了, 在这种全新的引力理论和全新的时空中, 很多新兴研究领域已经发展壮大, 引力波就是那样一个领域.

⑬ 引力理论跟时空结构的这种交融在等效原理中其实已可窥见端倪, 因为等效原理表明引力场中任何一个时空点附近都存在局域惯性参照系, 而局域惯性参照系中的物理规律由狭义相对论所描述, 其中的度规是闵可夫斯基度规, 这跟微分几何中每点的邻域内存在局域笛卡儿坐标系 (Cartesian coordinate system) 是完全相似的. 两者在数学结构上的相似和交融也就不足为奇了.

REPUBLIQUE FRANÇAISE
30F
+9F
POSTES
LAPLACE
1749-1827

REPUBLIQUE FRANÇAISE
POSTES
18F
H. POINCARE
1854-1912
+5F

三. 算不上先驱的先驱

在广义相对论之前的物理学中, 时空宛如一个舞台, 物理过程像戏剧一样千变万化, 舞台却是不变的. 广义相对论首次将时空变成了戏剧的一部分, 变成了一个动力学概念, 时空不再是不变的了. 另一方面, 在物理学上, 几乎所有可变的东西都可以有波动式的变化, 时空既然不再是不变的, 就也没理由例外, 从这个意义上讲, 引力波在概念层面上的存在几乎是水到渠成, 甚至显而易见了.

在更具体的层面上, 引力波的存在还可以这样来理解, 那就是广义相对论既然解决了牛顿万有引力定律与狭义相对论相互冲突的问题, 那么引力自然不会再像牛顿万有引力定律所隐含的那样瞬时传播了. 而引力既然不再瞬时传播, 就意味着引力源的运动对远处的影响只能逐渐传播开去, 这 "逐渐传播" 的典型形式无疑就是波动. 这种相互作用的非瞬时传播与波动之间的密切关联物理学家们并不陌生, 因为电磁波就是这样一种波动, 一种与电磁相互作用的非瞬时传播有着密切关联的波动.

不过, 引力的非瞬时传播虽然是由广义相对论所确立的, 相互作用非瞬时传播的概念却并非始于广义相对论, 甚至也并非始于狭义相对论 —— 虽然后者对这一概念取得基础地位具有决定性的影响. 事实上, 比狭义相对论早得多就有科学家猜测过引力的非瞬时传播, 并且作出过跟引力波的存在不无异曲同工之处的猜测.

比如著名法国科学家拉普拉斯 (Pierre Simon de Laplace) 早在 1776 年就考虑过修改牛顿万有引力定律的若干可能性, 其中之一就是放弃引力的瞬时传播. 假如引力的传播不是瞬时的, 会有什么可观测效应呢? 拉普拉斯以地球对月球的引力为例作了具体分析①. 他首先假定引力是通过物体之间交换某种微小粒子所产生的, 方向沿那些微小粒子的运动方向②. 对于地球与月球间的引力而言, 如果引力的传播是瞬时的, 产生引力的那种微小粒子的发射方向 —— 也就是引力的方向 —— 无疑就是沿两者的连线方向, 从而跟牛顿万有引力定律相一致. 但假如引力的传播不是瞬时的, 那种微小粒子从地球运动到月球就需要花费时间, 而在这段时间内, 月球本身会沿着公转轨道往前运动一段距离, 因此为了使那种微小粒子能与月球相遇, 它们的发射方向必须稍稍偏往月球的运动方向一点. 很明显, 这种发射方向上的偏角意味着地球对月球的引力将不再沿两者的连线方向, 而是 —— 相对于月球而言 —— 有一个沿切向往后拖拽的分量 (感兴趣的读者可以画一幅示意图论证这一点). 由于这种拖拽效应的存在, 月球的轨道将会慢慢 "蜕化", 轨道高度将会逐渐降低, 月球的最终命运 —— 倘不考虑任何其他因素的话 —— 将会是坠落到地球上.

拉普拉斯以引力的非瞬时传播为前提所预言的月球轨道的 "蜕化" 在定性上跟引力波造成的效应是相同的. 不过预言虽然相同, 拉普拉斯却并没有提出引力波的概念. 按照现代的思路, 月球轨道的 "蜕化" 意味着轨道能量的损失, 只要问一句 "损失的轨道能量到哪里去了", 引力波的概念就几乎必然会被引出来. 可惜的是,

---

① 之所以以地球对月球的引力为例, 是因自牛顿时代起, 月球的运动就是一个老大难问题 (这其实并不意外, 因为一来月球同时受太阳和地球两大天体的引力影响, 且质量与地球质量相比不算太小, 其运动带有较明显的 "三体" 色彩, 二来对月球的观测相对容易, 从而容易发现问题), 牛顿甚至还因此而怀疑英国天文学家弗拉姆斯蒂德 (John Flamsteed) 没有为他提供最好的观测数据, 两人为此闹僵. 拉普拉斯之所以考虑修改牛顿万有引力定律的可能性, 一个很重要的原因也是因为月球的运动当时尚未得到满意解决.

② 这一想法跟现代量子场论对相互作用的描述不无相似之处 —— 当然纯属表观.

今天看来天经地义的推理在拉普拉斯时代却并非如此, 原因很简单: 能量守恒定律在拉普拉斯时代尚不存在. 能量及能量守恒定律的基础地位容易给人一个错觉, 以为这两者都是源远流长的概念. 但其实, 它们的历史并不悠久, 稍具现代意义的能量概念在拉普拉斯时代尚处于形成之中, 许多形式的能量尚未被认识, 能量守恒的观念也尚未得到确立. 因此对拉普拉斯来说, "损失的轨道能量到哪里去了" 的问题并不显而易见, 更不会引发他往引力波的方向去猜测③. 也正因为如此, 他的猜测只能被称为 "跟引力波的存在不无异曲同工之处的猜测", 这种猜测相对于引力波研究来说只在很边缘的意义上具有先驱性④.

等到英国物理学家麦克斯韦 (James Clerk Maxwell) 建立了完整的经典电磁理论以及爱因斯坦提出了狭义相对论之后, 有关引力

③ 值得一提的是, 哪怕在广义相对论问世之后, 引力波是否真实存在以及它能否携带能量也依然有过争议 (我们在后文中将会提及). 以这种争议为背景来看, 拉普拉斯从引力的非瞬时传播入手进行的分析具有额外的重要性, 因为它提供了一个独立视角. 事实上, 著名引力理论专家、美国物理学家惠勒在《引力与时空之旅》(A Journey into Gravity and Spacetime) 一书中曾引述过两位现代物理学家提出的有关引力波为何能携带能量的通俗解释, 其实质也正是从引力的非瞬时传播入手, 从而跟拉普拉斯的分析具有完全相似的思路. 从这个意义上讲, 拉普拉斯的分析在定性上可以说是正确的. 如果进一步考虑到当时连麦克斯韦的电磁理论都尚未问世, 则拉普拉斯的分析还可以视为是对 "辐射阻尼" (radiation resistance) 的最早分析. 不过另一方面, 在广义相对论那样的具体理论问世之前, 拉普拉斯的分析注定只能是定性的, 一旦试图超越这一局限就不免走向谬误. 比如他依据自己的分析及月球运动的观测数据估算出的引力的传播速度高达光速的 700 万倍, 就不仅荒谬, 而且几乎对引力的非瞬时传播构成了否定. 当然, 这种谬误也有观测方面的原因, 因为月球轨道因辐射引力波而产生的 "蜕化" 哪怕在今天也绝非观测所能企及, 以此为基础推算任何东西都是在沙滩上建城堡, 走向谬误是不足为奇的.

④ 拉普拉斯的这种先驱性很少被提及, 因为他的猜测不仅 —— 如前注所述 —— 因他自己得到的引力传播速度高达光速的 700 万倍这一数值结果而显得荒谬, 而且从观念上讲也不受当时人们的青睐 —— 因为当时天体运动具有永恒性的宗教观念仍很顽固, 月球轨道的 "蜕化" 是跟这种顽固观念相冲突的.

波的猜测才真正问世了. 这种猜测有两个主要诱因: 一个是牛顿万有引力定律与描述静电相互作用的库仑定律 (Coulomb's law) 具有表观上的相似性, 这种相似性启示人们猜测相对论性的引力理论与完整的经典电磁理论会有一定的相似性, 从而会像电磁理论具有电磁波一样具有引力波. 另一个诱因则是前面提到过的相互作用的非瞬时传播与波动之间的密切关联, 狭义相对论所确立的光速上限对这一诱因无疑是一种加强. 在这些诱因的 "引诱" 下, 法国科学家庞加莱 (Henri Poincaré) 早在 1905 年 6 月 —— 比狭义相对论的发表还早 —— 就对引力波的存在做出了明确猜测. 这位在爱因斯坦之前就对狭义相对论的很多结果有过预期的著名科学家在一篇题为 "电子的动力学" (Sur la dynamique de l'électron) 的论文中不仅提出了引力场会像电磁场那样产生以光速传播的波, 而且将这种波明确称为了引力波. 稍后, 庞加莱还进一步猜测引力波造成的能量损失有可能解释水星近日点进动 (perihelion precession of Mercury) 的传统计算与观测值之间的偏差.

不过当时距离广义相对论的创立还有 10 年, 庞加莱对符合相对论要求的引力理论的预期只是概念性的, 所提出的引力波也是概念性的, 除猜对了它的传播速度是光速外, 在技术层面上对引力波的其他了解近乎零, 所猜测的引力波对水星近日点进动的影响也是完全错误的. 从这个意义上讲, 庞加莱这位提出了引力波概念及名称的先驱也是要打折扣的, 姑称为 "算不上先驱的先驱" 吧.

688 Sitzung der physikalisch-mathematischen Klasse vom 22. Juni 1916

Näherungsweise Integration der Feldgleichungen der Gravitation.

Von A. Einstein.

Bei der Behandlung der meisten speziellen (nicht prinzipiellen) Probleme auf dem Gebiete der Gravitationstheorie kann man sich damit begnügen, die $g_{\mu\nu}$ in erster Näherung zu berechnen. Dabei bedient man sich mit Vorteil der imaginären Zeitvariable $x_4 = it$ aus denselben Gründen wie in der speziellen Relativitätstheorie. Unter »erster Näherung« ist dabei verstanden, daß die durch die Gleichung

$$g_{\mu\nu} = -\delta_{\mu\nu} + \gamma_{\mu\nu} \tag{1}$$

definierten Größen $\gamma_{\mu\nu}$, welche linearen orthogonalen Transformationen gegenüber Tensorcharakter besitzen, gegen 1 als kleine Größen behandelt werden können, deren Quadrate und Produkte gegen die ersten Potenzen vernachlässigt werden dürfen. Dabei ist $\delta_{\mu\nu} = 1$ bzw. $\delta_{\mu\nu} = 0$, je nachdem $\mu = \nu$ oder $\mu \neq \nu$.

Wir werden zeigen, daß diese $\gamma_{\mu\nu}$ in analoger Weise berechnet werden können wie die retardierten Potentiale der Elektrodynamik. Daraus folgt dann zunächst, daß sich die Gravitationsfelder mit Lichtgeschwindigkeit ausbreiten. Wir werden im Anschluß an diese allgemeine Lösung die Gravitationswellen und deren Entstehungsweise untersuchen. Es hat sich gezeigt, daß die von mir vorgeschlagene Wahl des Bezugssystems gemäß der Bedingung $g = |g_{\mu\nu}| = -1$ für die Berechnung der Felder in erster Näherung nicht vorteilhaft ist. Ich wurde hierauf aufmerksam durch eine briefliche Mitteilung des Astronomen de Sitter, der fand, daß man durch eine andere Wahl des Bezugssystems zu einem einfacheren Ausdruck des Gravitationsfeldes eines ruhenden Massenpunktes gelangen kann, als ich ihn früher gegeben hatte[1]. Ich stütze mich daher im folgenden auf die allgemein invarianten Feldgleichungen.

[1] Sitzungsber. XLVII, 1915, S. 833.

四.

广义相对论的弱场近似

在引力波的研究中, 真正称得上先驱及提出者的只有一个人, 那就是爱因斯坦本人.

爱因斯坦的研究风格具有极强的系统性, 在创立了广义相对论之后仅仅两年左右的时间里, 他就再接再厉开辟了两个全新的分支领域: 一个是相对论宇宙学, 另一个就是引力波研究. 爱因斯坦开辟的这两个领域后来都有了一些戏剧性的曲折发展, 比如相对论宇宙学的发展在不久之后就使爱因斯坦所青睐的静态宇宙模型遭到了观测否决, 而引力波的研究在爱因斯坦有生之年虽无观测数据, 爱因斯坦自己的观点却几经变化. 我们将在后文中介绍爱因斯坦的观点变化, 在本章中, 让我们先上点 "干货", 介绍一下广义相对论的弱场近似 (weak field approximation). 对引力波研究来说, 这是最便利的切入点, 也是爱因斯坦研究引力波时最先考虑的情形.

有读者也许会问: 讨论电磁波时从来也不需要弱场近似, 为什么引力波研究要以弱场近似为切入点呢? 这是因为电磁理论 —— 确切地说是麦克斯韦的经典电磁理论 —— 是一个线性理论, 这种理论的基本特点是处理的难度与场的强弱无关, 从而没必要对后者作出限制. 但广义相对论不同, 它是一个非线性理论, 这种理论的一个基本特点是场具有所谓的自相互作用 (self-interaction), 即场的产生不仅取决于源, 而且还取决于它自身. 这种自相互作用的存在使非线性理论的处理比线性理论困难得多, 而且场越强, 自相互作用往往越显著, 处理的难度也就越大.

那么非线性理论 —— 或者具体地说, 广义相对论这一非线性理论 —— 该如何处理呢? 一般来说, 处理的手段有三类: 一类是寻找特殊解, 这类手段通常靠特定的对称性来简化问题, 适用面比较小, 但往往可以得到精确而解析的结果; 另一类是数值计算, 这类手段显著依赖于计算工具, 在早期研究中基本缺席, 在计算机技术日益发展的今天却有着越来越宽广的应用领域; 第三类则是线性近似, 这类手段的适用条件是非线性效应可以忽略, 只要这一条件得到满足, 它的适用面就是普遍的, 不依赖于对称性, 同时却往往可以得到解析结果.

弱场近似下的引力波研究采用的是第三类手段 —— 因为弱场的自相互作用可以忽略, 从而广义相对论可以近似为线性理论.

关于广义相对论的弱场近似, 首先要问的是: 什么是弱场? 由于广义相对论将引力归结为时空的弯曲, 而没有引力的时空是由闵可夫斯基度规 $\eta_{\mu\nu}$ 所描述的平直时空 —— 也称为闵可夫斯基时空. 因此所谓弱场显然是指时空偏离闵可夫斯基时空的幅度很小的情形. 用数学语言来表示, 广义相对论的弱场指的是形如

$$g_{\mu\nu} = \eta_{\mu\nu} + h_{\mu\nu} \quad (|h_{\mu\nu}| \ll 1) \tag{4.1}$$

的度规所表示的引力场 —— 其中括号里的 $|h_{\mu\nu}| \ll 1$ 表示时空偏离闵可夫斯基时空的幅度很小.

将 (4.1) 式代入爱因斯坦场方程 (2.9) 式①, 并且只保留 $h_{\mu\nu}$ 的线性项, 可以得到

$$\partial^\lambda \partial_\lambda h_{\mu\nu} - \partial_\lambda \partial_\mu h^\lambda_\nu - \partial_\lambda \partial_\nu h^\lambda_\mu + \partial_\mu \partial_\nu h = -16\pi G \left(T_{\mu\nu} - \frac{1}{2} \eta_{\mu\nu} T \right) \tag{4.2}$$

其中 h 是 $h_{\mu\nu}$ 的缩并, T 是 $T_{\mu\nu}$ 的缩并. 需要说明的是, (4.2) 式中 $h_{\mu\nu}$ 和 $T_{\mu\nu}$ 的所有指标都是用闵可夫斯基度规 $\eta_{\mu\nu}$ 来升降的, 否则就会引进 $h_{\mu\nu}$ 的非线性项.

(4.2) 式虽然是线性的, 却依然有相当的复杂性. 幸运的是, 我们还有一个 "杀手锏" 尚未使用, 那就是广义相对论所具有的广义协变性. 广义协变性使我们可以对 4 个时空坐标进行任意变换, 而

① 确切地说, 是代入第 25 页注 ⑩ 所提到的爱因斯坦本人得到的与 (2.9) 式等价的场方程, 因为那一形式的左侧 —— 时空几何部分 —— 相对简单.

在那样的变换下,广义相对论中的度规、联络等都将发生相应的变化. 利用这种变化,我们可以选择特殊的坐标,使得度规、联络等具有最易于处理的形式,这是研究广义相对论问题的重要技巧. 熟悉电磁理论的读者也许看出来了,广义相对论所具有的广义协变性类似于电磁理论中的规范不变性 (gauge invariance),对时空坐标的任意变换类似于电磁理论中的规范变换 (gauge transformation),而由此带来的对度规、联络等的选择则相当于在电磁理论中选择规范条件 (gauge condition). 所不同的是,电磁理论中的规范变换只涉及一个任意函数,相应的规范条件也只有一个,而广义相对论中的坐标变换涉及 4 个任意函数,从而可以导致 4 个类似的条件 —— 称为 "坐标条件" (coordinate condition).

坐标条件的选择不是唯一的,就像电磁理论中规范条件的选择也不是唯一的. 爱因斯坦在早年的研究中 —— 包括理论框架完成之前的阶段里 —— 往往只采用一个坐标条件,即 $g=-1$ (其中 g 是度规张量 $g_{\mu\nu}$ 的行列式). 满足这一条件的坐标被称为 "幺模坐标" (unimodular coordinates). 不过当他对弱场近似进行更系统的研究时,很快发现幺模坐标不适合研究引力波,因而自 1916 年 6 月发表引力波研究的第一篇论文 "引力场方程的近似积分" (Approximative Integration of the Field Equations of Gravitation) 开始,转而采用了荷兰物理学家德西特 (Willem de Sitter) 提出的一组坐标条件: $\partial^\mu(h_{\mu\nu}-\frac{1}{2}\eta_{\mu\nu}h)=0$. 这组条件共有 4 个,从而充分利用了广义协变性带来的便利,满足这组条件的坐标被称为 "各向同性坐标" (isotropic coordinates).

利用各向同性坐标,爱因斯坦于 1918 年给出了有关弱场近似下引力波的若干重要结果. 不过时隔一个世纪,我们已没有必要重复爱因斯坦的选择,而将采用一种更受现代研究者青睐的坐标条件: 调和坐标条件 (harmonic coordinate condition, 也称为 "谐和坐标条件"). 用数学语言来表示, 调和坐标条件指的是:

$$g^{\mu\nu}\Gamma^{\lambda}_{\mu\nu} = 0 \tag{4.3}$$

满足这组总计 4 个条件的坐标则被称为 "调和坐标" (harmonic coordinates, 也称为 "谐和坐标").

调和坐标是 20 世纪 20 年代由比利时数学家德唐德 (Théophile de Donder) 和匈牙利物理学家兰佐斯 (Cornelius Lanczos) 彼此独立地提出的②. 调和坐标条件作为一个坐标条件, 本身并不受弱场近似的限制 (这是它优于德西特和爱因斯坦针对弱场近似所采用的各向同性坐标的地方), 但我们讨论的既然是弱场近似, 则对调和坐标条件也需要作一个弱场近似, 只保留 $h_{\mu\nu}$ 的线性项. 不难证明, 这种近似下的调和坐标条件 (4.3) 可以表述为:

$$\partial_\mu h^\mu_\nu = \frac{1}{2}\partial_\nu h \tag{4.4}$$

细心的读者也许注意到了, (4.4) 式跟各向同性坐标所满足的条件是完全相同的, 因此调和坐标与各向同性坐标在弱场近似下是相同的 (这也说明我们对弱场近似的处理跟爱因斯坦原始论文的处理是殊途同归的). 不过这种相同只限于弱场近似, 普遍情形下的调和坐标是一种不同的坐标.

---

② 这种坐标之所以被称为调和坐标是因为在这种坐标下, 任何函数 φ 的所谓 "调和算符" 可以简化为 $g^{\mu\nu}\nabla_\mu\nabla_\nu\varphi = g^{\mu\nu}\partial_\mu\partial_\nu\varphi - g^{\mu\nu}\Gamma^{\lambda}_{\mu\nu}\partial_\lambda\varphi = \partial^\mu\partial_\mu\varphi$, 其中最后一步使用了调和坐标条件 (4.3) 式. 如果 φ 选为坐标 x^α 本身, 则由于其相对于坐标的二阶普通导数为零, 则显然有 $g^{\mu\nu}\nabla_\mu\nabla_\nu x^\alpha = 0$. 由于满足这一方程式的函数是古典分析中的 "调和函数" (harmonic function) 在爱因斯坦时空中的推广, 相应的坐标就因此而被称为了调和坐标. 另外可以补充的是: 调和坐标不仅受到现代研究者的青睐, 在一定程度上甚至可以说是受到了 "溺爱", 比如苏联物理学家福克 (Vladimir Fock) 试图将调和坐标提升到优越坐标系的地位上, 中国物理学家周培源试图将调和坐标条件与爱因斯坦场方程并称为 "物质的引力规律", 就都属于 "溺爱".

利用 (4.4) 式可以很容易地证明 —— 感兴趣的读者不妨自己试试 —— (4.2) 式左侧除第一项外的其他三项相互抵消. 由此我们得到一个高度简化了的、很漂亮的广义相对论弱场近似:

$$\partial^\lambda \partial_\lambda h_{\mu\nu} = -16\pi G \left(T_{\mu\nu} - \frac{1}{2}\eta_{\mu\nu} T \right) \tag{4.5}$$

这一近似之所以漂亮, 是因为 —— 读者想必认出来了 —— 它正是所谓的波动方程 (wave equation). 这个波动方程所描述的是一种以物质 —— 具体地说是 $T_{\mu\nu} - \frac{1}{2}\eta_{\mu\nu}\mathrm{T}$—— 为源, 以时空 —— 具体地说是时空偏离平直的程度 $h_{\mu\nu}$—— 为波幅的波动. 不仅如此, 我们还可以立刻看出这种波动的一个重要特点, 那就是传播速度是光速③.

如果说此前有关引力波的一切都是猜测, 那么波动方程的出现改变了事情的性质. 因为波动方程是波动的理论基础, 蕴含着它的定量属性, 也是定量验证的重要依据. 对一般的物理体系来说, 波动方程既然出现了, 波的存在就不言而喻了, 但我们将会看到, 引力波跟一般的波相比有一些概念上的微妙性, 一度甚至妨碍了爱因斯坦本人对它的理解和接受.

③ 在本书中, 我们采用了光速 $c = 1$ 的单位制, 因此在公式中看不到光速, 感兴趣的读者可以通过简单的量纲分析将光速恢复起来. 另外可以顺便说明一下, 这里得到的引力波传播速度是光速这一特点与方向无关, 或者说是各向同性的, 这正是德西特和爱因斯坦所采用的坐标 —— 它在弱场近似下与调和坐标相等价, 从而具有同样特点 —— 被称为 "各向同性坐标" 的原因.

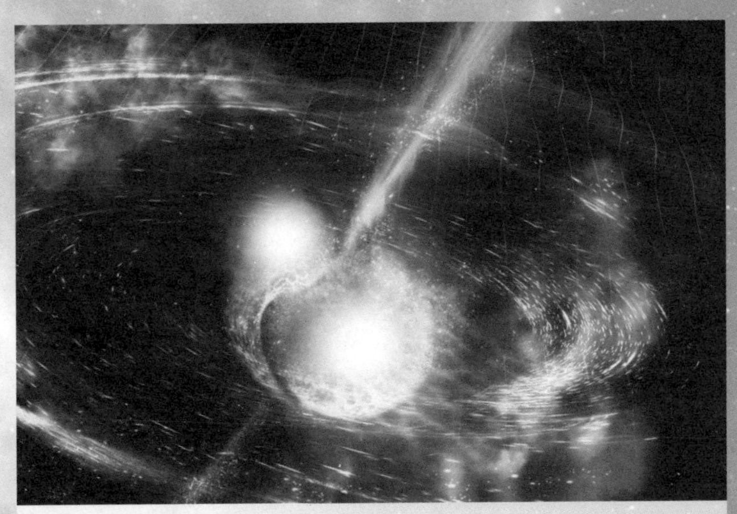

五.

单极、偶极和四极辐射

波动方程的解是物理学家们非常熟悉的, 在数学上有所谓推迟解 (retarded solution) 和超前解 (advanced solution) 之分, 物理上采用的是推迟解 —— 也称为推迟势 (retarded potential)①. 对弱场近似下的引力波动方程 (4.5) 式来说, 推迟解为:

$$h_{\mu\nu}(\boldsymbol{x},t) = 4G\int \mathrm{d}^3\boldsymbol{x}'\frac{\overline{T}_{\mu\nu}(\boldsymbol{x}',t-|\boldsymbol{x}-\boldsymbol{x}'|)}{|\boldsymbol{x}-\boldsymbol{x}'|} \tag{5.1}$$

其中 $\overline{T}_{\mu\nu} \equiv T_{\mu\nu} - \frac{1}{2}\eta_{\mu\nu}T$ 是对 (4.5) 式右端所作的符号简化 (这种类型的符号简化在广义相对论中很常见, 所表示的是对一个二阶张量的迹的逆转), $\boldsymbol{x}$ 和 $\boldsymbol{x}'$ 分别为场和源的三维空间坐标, $\mathrm{d}^3\boldsymbol{x}'$ 是对源空间坐标的积分, $t-|\boldsymbol{x}-\boldsymbol{x}'|$ 是所谓的推迟时间 (retarded time), 其实是比 t 更早而不是更 "推迟" 的时间, 因推迟解本身所描述的场晚于源这一意义上的 "推迟" 而得名.

除 (5.1) 式外, 由于 (4.5) 式是线性方程, 相应的齐次方程 (homogeneous equation) —— 源 $T_{\mu\nu}$ 为零的方程 —— 的解也可叠加到推迟解上, 从而得到 (5.1) 式的通解. 各种特解 —— 比如平面波解、柱面波解, 或满足特定初始及边界条件的解, 等等 —— 皆可视为通解的特例.

对于波 —— 尤其是像电磁波和引力波这样源自基础理论的波 —— 来说, 一个很重要的性质是它的独立分量数目或所谓的物理自由度 (physical degree of freedom). 具体到引力波上, 由于 $h_{\mu\nu}$ 是对

① 在我们所采用的波速 $c=1$ 的单位制下, 推迟解与超前解的区别在于前者由 $t-r$ 时刻的源决定 t 时刻与源相距 r 处的场, 而后者由 $t+r$ 时刻的源决定 t 时刻与源相距 r 处的场. 从数学上讲两者都是波动方程的解 —— 因为波动方程是时间反演不变的, 但从物理上讲, 源是因场是果, 因果关系要求因早于果, 从而应该只用推迟解. 不过也有物理学家有不同看法或作过不同的尝试, 比如爱因斯坦本人对引力波引进过超前解, 惠勒和他的学生、美国物理学家费曼 (Richard Feynman) 尝试过用超前解处理电磁理论的某些基础问题, 丹麦物理学家莫勒 (Christian Møller) 也主张过对引力波不能排除超前解. 不过这些尝试或主张都未得出有建设性的结果.

称张量, 从表观上讲有 10 个分量. 但这 10 个分量显然不是独立的, 因为总计有 4 个方程的谐和坐标条件 (4.4) 式可消去 4 个分量, 从而只剩下 6 个. 这 6 个分量是独立的吗? 依然不是, 因为谐和坐标条件并不足以完全确定坐标, 我们还可对 x^μ 作形如 $x^\mu \to x^\mu + \varepsilon^\mu$ 的额外坐标变换, 在这种变换下 $h_{\mu\nu}$ 将变换为 $h_{\mu\nu} \to h_{\mu\nu} - \partial_\mu\varepsilon_\nu - \partial_\nu\varepsilon_\mu$. 不难证明, 只要 ε^μ 满足 $\partial^\lambda\partial_\lambda\varepsilon^\mu = 0$, 谐和坐标条件就依然成立, 因此这确实是谐和坐标条件已经满足的情形下依然允许的额外坐标变换, 利用这种变换 —— 总计也有 4 个方程 —— 可进一步消去 4 个独立分量, 最终只剩下两个独立分量, 这两个硕果仅存的张量自由度才是引力波的独立分量 —— 也称为引力波的偏振或极化 (polarization).

进一步的分析还表明, 引力波的这两个独立分量和电磁波的独立分量一样都是横波分量 —— 都是垂直于波矢方向的分量, 而且波的振幅是 "无迹" (traceless) 的, 即 $h^\mu_\mu = 0$, 使这些特征成立的坐标也因此称为横向无迹坐标 (transverse-traceless coordinates), 简称 TT 坐标. 可以证明, 横向无迹坐标恰好是自由漂浮观测者所用的坐标. 另外值得一提的是, 引力波的这两个横波分量在以波矢为轴的空间转动下按两倍于转角的方式转动 (转动方向则彼此相反), 因而具有螺旋度 (helicity) ±2, 人们通常所说的引力子 (graviton, 即所谓引力场的量子) 是自旋 2 的无质量粒子, 指的就是这一结果. 不过要注意的是, 这些概念都是在闵可夫斯基度规下定义的, 与我们所讨论的弱场近似一脉相承, 在一般的广义相对论中却并无明确定义, 因此将广义相对论本身笼统地视为自旋 2 的无质量场的理论是不妥的 —— 起码是有争议的.

推迟解 (5.1) 式虽是弱场近似的产物, 对一般的源分布来说依然是相当复杂的, 具体计算时往往还需采取进一步的近似, 其中一种典型的近似手段是所谓的多极展开 (multipole expansion). 这种手段的一个重要优点是: 在源 —— 物质分布 —— 的尺度远小于引力波的波长 (这被称为低速近似或非相对论近似②), 并且场点离源的距离远大于引力波的波长 (这被称为远场近似③) 的情形下, 多极展开由最低阶 —— “极” 数最少 —— 的项所主导, 其他 —— “极” 数更多 —— 的项皆可忽略, 从而能极大地降低计算的复杂性.

具体地说, 在多极展开下, 选用横向无迹坐标, (5.1) 式的主导项是所谓的 “四极辐射” (quadrupole radiation). 由于横向无迹坐标下引力波的两个独立分量即横波分量都是空间分量, 因此我们只需给出 $h_{\mu\nu}$ 的空间部分 h_{ij} 即可, 其结果为:

$$h_{ij}(\boldsymbol{x},t)=\frac{2G}{r}\cdot\ddot{Q}_{ij} \tag{5.2}$$

其中 r 是场点 $\boldsymbol{x}$ 离源的距离 (在所考虑的远场近似下源的尺度远小于场点离源的距离, 因此可以忽略源的不同部分与场点距离的差别), Q_{ij} 是源的四极矩, 定义为:

$$Q_{ij}=\int \mathrm{d}^3\boldsymbol{x}'\rho(\boldsymbol{x}')\left(x_i'x_j'-\frac{1}{3}|\boldsymbol{x}'|^2\delta_{ij}\right) \tag{5.3}$$

其中 ρ 是源的质量密度. 这里需要说明的是, 为表述简洁起见, 我们自此处开始将略去时间变量, (5.2) 式的右侧和 (5.3) 式以及后文中任何与源有关的计算, 其实都是在推迟时刻 $t-r$ 计算的, 这是 (5.1) 式或者说引力波的传播速度为光速的直接要求. 另外, (5.2) 式只包

② 这一近似之所以被称为低速近似或非相对论近似, 是因为引力波的典型波长取决于源的运动. 具体地说, 若源的尺度为 R, 典型运动速度为 v, 则源的典型运动周期 —— 同时也是其所发射的引力波的典型周期 —— 为 $T\sim R/v$, 相应的引力波典型波长则为 $\lambda=cT\sim Rc/v$, 因此源的尺度远小于引力波的波长意味着 $R\ll\lambda\sim Rc/v$, 即 $v\ll c$, 这正是低速近似或非相对论近似.

③ 一般情形下的远场近似要求场点离源的距离 r 不仅远大于引力波的波长 λ (即 $r\gg\lambda$), 而且还远大于源的尺度 R (即 $r\gg R$), 不过多极近似已假定了源的尺度远小于引力波的波长 (即 $R\ll\lambda$), 因此后一条件 (即 $r\gg R$) 是自动成立、不言而喻的.

含了来自物质质量密度的贡献, 这是低速近似或非相对论近似的结果.

引力波多极展开中的最低阶项为四极辐射, 这是一个很独特的结果, 比如跟电磁波就完全不同, 因为后者具有所谓的偶极辐射 (dipole radiation). 两种表面上看起来颇为相似 —— 比如万有引力定律与库仑定律都是平方反比律,波动方程更是具有相同形式 —— 的理论在这方面为何会如此不同,引力波为何没有偶极辐射呢? 这是由守恒定律所决定的. 我们知道, 偶极矩的定义为 $P_i = \int \mathrm{d}^3\boldsymbol{x}'\rho(\boldsymbol{x}')x_i'$, 对电磁理论来说, ρ 是电荷密度, 上述偶极矩对时间的各阶导数可以是非零的, 从而可以有偶极辐射. 但引力理论的情况完全不同, 对它来说 ρ 是质量密度, 因而偶极矩 P_i 正比于源的质心位置, 其对时间的一阶导数正比于源的总动量, 在所考虑的近似下是一个守恒量. 这就意味着其对时间的二阶导数 —— 这是辐射场及辐射能流所包含的导数 —— 恒为零, 这是引力波不存在偶极辐射的根本原因.

更一般地说, 在单极、偶极和四极这几种最低阶的多极展开项中, 单极辐射出现的条件是源的总量不守恒, 由于电荷和能量都是守恒的, 因此电磁理论和引力理论都没有单极辐射④; 偶极辐射出现的条件则是源的 "荷动量" (charge-momentum) 不守恒, 由于电磁理论的 "荷动量" 确实不守恒, 因此电磁理论有偶极辐射, 而引力理论的 "荷动量" 乃是普通的动量, 是守恒的, 因此引力理论没有偶极

④ 电磁理论和引力理论都没有单极辐射还可以这么理解: 单极辐射是球对称源 —— 比如球对称电荷或质量分布的脉动 —— 所发射的辐射. 但对于像库仑力和引力这种满足平方反比律的场, 早在牛顿时代人们就已知道, 球对称源的外部场只与源的总量有关, 因此这种源的任何运动 —— 只要维持源的总量守恒 —— 从外部场的角度看都等于是不存在的, 从而不可能产生单极辐射 (这同时也印证了单极辐射出现的条件是源的总量不守恒).

辐射[⑤].

引力波多极展开的最低阶是四极辐射这一特点也使得引力波更为微弱, 因为在所考虑的近似条件下辐射的 "极" 数越多, 辐射就越微弱 (感兴趣的读者可以定性地估计一下辐射强度与辐射的 "极" 数之间的关系). 不过, 这只是使得引力辐射微弱的原因之一, 而且并非最主要的原因, 最主要的原因是引力相互作用本身是目前已知的四种基本相互作用中最弱的, 比另三种相互作用 —— 强相互作用、电磁相互作用、弱相互作用 —— 都弱几十个数量级. 当然, 基本相互作用之间的这种比较是以微观世界为标准进行的, 从而不能一概而论. 比如引力本身在天体尺度上就绝不微弱, 而引力波虽然在普通的天体尺度上依然微弱, 却也并非总是微弱, 在特殊的强引力场天体的特殊运动中可以变得很强, 甚至强到不可思议, 这些我们在后文中将会看到.

引力波多极展开的最低阶是四极辐射还有一个微妙的 "副作用", 那就是在历史上曾使一些物理学家对引力波的存在做出过错误判断. 比如继庞加莱之后引力波研究中的另一位 "算不上先驱的先驱", 德国物理学家亚伯拉罕 (Max Abraham) 曾于 1912 年提出了自己的引力理论, 并正确地意识到了引力波不存在偶极辐射 (如前所述, 这一特点源自守恒定律, 从而可以不依赖于广义相对论而得到). 但也许是太看重引力波与电磁波的相似性, 亚伯拉罕从不存在偶极辐射这一特点中鲁莽地舍弃了引力波的存在 (当然, 由于他的引力理论是错误的, 即便没有舍弃引力波的存在, 也难以得到正确的定量结果). 无独有偶, 爱因斯坦本人在研究引力波之初也曾对

⑤ 可以证明, 引力波没有偶极辐射 —— 或者更确切地说, 引力波的最低 "极" 辐射为四极辐射 —— 跟前文分析引力波独立分量数目时提到过的引力子是自旋 2 的无质量粒子是紧密相关的 (相应地, 电磁波的最低 "极" 辐射为偶极辐射与光子是自旋 1 的无质量粒子也是紧密相关的).

引力波的存在作出过有可能是否定的判断. 在 1916 年 2 月 19 日给德国同事施瓦西 (Karl Schwarzschild) 的一封信里, 爱因斯坦表示在得到了完整的广义相对论之后, 自己已用不同的方法处理了牛顿近似, 得出的结论是 "不存在与光波相类似的引力波" (there are no gravitational waves analogous to light waves).

爱因斯坦的这一结论引起了一些好奇, 比如《爱因斯坦全集》的编者之一、美国阿肯色大学的物理学家坎尼菲克 (Daniel Kennefick) 就对爱因斯坦得出这一结论的原因作了若干猜测. 其中首先猜测的原因就是引力波不存在偶极辐射这一特点, 因为爱因斯坦在信中直接提及了这一特点 —— 虽然并未将之称为原因. 除此之外, 由于爱因斯坦提到了牛顿近似, 坎尼菲克猜测他有可能尝试过从所谓的 "后牛顿近似" (post-Newtonian approximation) 入手研究引力波. 后牛顿近似并不是研究引力波的方便手段, 因为在这种近似中, 以源的运动速度 —— 确切地说是其与光速的比值 v/c —— 的幂次来排序的话, 要计算到五次项才能显示引力波的存在 (五次项对应的是引力波四极辐射带来的辐射阻尼效应), 这远远超出了早期广义相对论研究的范围⑥. 坎尼菲克认为, 后牛顿近似中的低次项未能显示引力波的存在也有可能是爱因斯坦认为引力波不存在的原因.

坎尼菲克的这些猜测不能说没有道理, 但在我看来有过度解读之嫌, 因为爱因斯坦所谓的 "不存在与光波相类似的引力波", 从字面上看, 完全有可能只是说引力波哪怕存在, 也并不 "与光波相

⑥ 通过后牛顿近似研究引力波 —— 主要是研究引力波的辐射阻尼效应 —— 直到数十年后才有显著进展, 中国物理学家胡宁等也在这一领域做过工作. 另外, 作为比较, 著名的水星近日点进动只涉及后牛顿近似中的二次项, 在次数上远低于显示引力波存在所需的五次项 —— 这也说明了庞加莱所猜测的引力波对水星近日点进动的影响是完全错误的 (参阅第三章).

类似” (比如不存在偶极辐射), 而未必是全盘否定引力波的存在 (因此我们在上文中只称之为 “有可能是否定的判断”). 由于爱因斯坦没有在其他文字中对这句话作出过进一步说明 (事实上也没有进一步说明的必要了, 因为通信对象施瓦西在不到三个月之后就不幸去世了), 他这句话的真实含义可能永远只能从猜测的意义上去解读了. 但考虑到此后不久爱因斯坦就发表了明确肯定引力波存在的论文 —— 我们在第四章中提及的他的第一篇引力波论文 “引力场方程的近似积分”, 我倾向于猜测 “不存在与光波相类似的引力波” 并不是对引力波的全盘否定, 而很可能只是对研究过程中发现的诸如不存在偶极辐射之类有别于电磁波的引力波特性的一种表述.

有关引力波的另一个微妙的问题是它是否携带能量. 从前面的介绍中我们看到, 引力波是时空本身的波动, 因为其波幅是时空偏离平直的程度 $h_{\mu\nu}$. 如果说音乐是空气的波动, 那么引力波不妨称之为时空的乐章. 但这个浪漫的名称掩不住一个问题, 那就是时空是看不见摸不着的, 我们对它的度量依赖于度规, 度规又跟坐标的选择有关, 而坐标的选择在广义相对论中却是任意的. 那么, 所谓时空的乐章, 所谓时空本身的波动, 会不会纯粹是一种坐标带来的幻象呢? 这不是钻牛角尖, 而是一个很正经的问题, 因为如果坐标本身在波动, 那么哪怕平直的时空也会看上去仿佛是波动着的, 就好比用一把本身就在伸缩的尺子去量一个物体, 哪怕物体的长度是固定的, 每次量得的结果也可以是不同的, 但那显然是尺子的问题而不是物体的长度在变.

事实上, 爱因斯坦本人就曾注意到, 采用不同的坐标可以得到不同类型的引力波, 其中的某些类型确实只是坐标本身相对于平直时空的波动, 而不是真实的引力波. 以验证广义相对论的光线偏折效应而成名的英国物理学家爱丁顿 (Arthur Eddington) 也从坐标角度出发质疑过引力波, 他发现引力波的某些分量的传播速度是跟坐标的选择有关的, 从而十分可疑, 他并且将这种引力波的传播速度戏称为 "思维的速度" (speed of thought)⑦. 这种因坐标的选择而产生的问题也可以从另一个角度来看, 那就是引力场 —— 如我们在第二章中详细介绍过的 —— 在局域惯性系中是不存在的, 或者说引力场能通过坐标变换局域地消去. 这个特点意味着对一个自由漂浮的质点 —— 真正意义上没有大小的质点 —— 来说, 无论多么强大的引力波都是不存在的 —— 美国物理学家惠勒曾用 "自由漂浮就是自由漂浮就是自由漂浮" (free float is free float is free float) 来强调这一引人注目的特点. 假如无论多么强大的引力波对于一个自由漂浮的质点来说都是不存在的, 那引力波还有实在性吗?

答案是肯定的.

得出肯定答案的最简单的办法就是计算曲率张量, 因为曲率张量 —— 乃至一切张量 —— 是否为零是一个与坐标选择无关的特征, 因此引力波若果真只是坐标本身相对于平直时空波动带来的幻象, 曲率张量就该为零. 反之, 若曲率张量不为零, 则引力波就不只是幻象, 而是货真价实的 (虽然其中的某些分量依然可以有 "水分"). 计算表明, 对于上文给出的弱场近似下的引力波动方程的推迟解来说, 曲率张量的非零分量为:

$$R_{i0j0} = -\frac{1}{2}\frac{\partial^2 h_{ij}}{\partial t^2} \tag{5.4}$$

由于引力波的非零分量 h_{ij} 是周期变化的, 其对时间的二阶导

⑦ 由于这个缘故, 有些人将爱丁顿视为引力波的早期怀疑者. 不过爱丁顿同时也发现了引力波横波分量的速度是光速, 并且与坐标的选择无关, 因此撇开措辞不论, 他的发现跟现代研究其实并不矛盾, 他认为可疑的分量只是那些可以通过坐标变换消去、从而本就不具有实在性的分量, 并不构成对引力波的全面怀疑.

数不为零, 因此相应的 R_{i0j0} 也不为零. 这说明引力波是不能用坐标变换消去的, 从而并不只是坐标带来的幻象. 这跟惠勒那句 "自由漂浮就是自由漂浮就是自由漂浮" 是不矛盾的, 因为曲率张量的不为零说明引力波的效应跟一切其他引力效应一样, 虽能被局域地消去, 在全局意义上却是抹煞不了的, 一个自由飘浮的质点虽 "感觉" 不到引力波, 一根长杆、一个圆柱 …… 乃至任何具有广延的物体却完全可以受到引力波的影响 —— 事实上那正是引力波的检测途径.

从单纯的理论角度讲, 对引力波实在性的最具体的论证当然是直接计算它所携带的能量. 这个计算本身也有一定的微妙性, 因为它所涉及的是引力场的能量动量, 而那本身就是广义相对论的一个著名难题. 这个难题追根溯源, 也是来自引力场能被局域消去这一特点, 因为它意味着引力场的能量动量具有非定域性. 几十年来, 物理学家们对引力场的能量动量进行了大量研究, 给出过许多具体结果, 都称不上完美, 也始终存在争议. 不过对引力波来说, 人们通常假定时空是所谓的渐近平直时空 (asymptotically flat spacetime)⑧, 在这种情形下, 只要所考虑的时空区域的线度显著大于引力波的周期和波长, 或者只考虑引力波的辐射功率 (它涉及的只是总能量), 那些本质上源自引力场能量动量的非定域性的歧义就能消除. 对于我们所考虑的弱场近似来说, 情况更为乐观, 我们甚至不必利用物理学家们出于普遍目的而提出的那些引力场的能量动量表达式, 而可以直接地将引力场方程 (2.9) 式左侧除 $h_{\mu\nu}$ 的线性项以外的其他项 —— 事实上只需平方项, 因其余在弱场近似下皆可忽略 ——

⑧ 对于我们所考虑的情形来说, 渐近平直时空粗略地讲就是在远离源的地方 $h_{\mu\nu} \to 0$. 严格的定义则可参阅拙作《从奇点到虫洞: 广义相对论专题选讲》(清华大学出版社 2013 年 12 月出版) 的第 3.1 节.

移到右侧, 作为引力场的能量动量 —— 即将 (2.9) 式改写为:

$$R_{\mu\nu}^{(1)} - \frac{1}{2}\eta_{\mu\nu}R^{(1)} = 8\pi(T_{\mu\nu} + t_{\mu\nu}) \tag{5.5}$$

其中左侧的 $R_{\mu\nu}^{(1)}$ 和 $R^{(1)}$ 分别是里奇曲率张量 $R_{\mu\nu}$ 和曲率标量 R 中 $h_{\mu\nu}$ 的线性项, 右侧的 $t_{\mu\nu}$ 是 $R_{\mu\nu} - \frac{1}{2}g_{\mu\nu}R$ 中 $h_{\mu\nu}$ 的平方项移到右侧与 $T_{\mu\nu}$ 并列的结果, 就不具体写出了. 将 $h_{\mu\nu}$ 的四极矩解 (5.2) 式代入 $t_{\mu\nu}$ 便可得到引力波的能量动量分布. 这个分布作为定域分布跟物理学家们出于普遍目的而提出的那些引力场的能量动量表达式一样是有争议的, 但取其中的能流部分对一个远离源的闭和曲面 —— 通常选为球面 —— 积分, 却可以得到无争议的引力波四极辐射的辐射功率, 具体的形式为:

$$\frac{\mathrm{d}E}{\mathrm{d}t} = -\frac{1}{5}G\dddot{Q}_{ij}\dddot{Q}^{ij} \tag{5.6}$$

其中右侧的负号表明引力波导致的是能量损失 —— 即源因辐射引力波而损失能量. (5.6) 式的推导如今已是很多广义相对论教材的标准内容, 但除求导和积分外, 还涉及对偏振方向的平均等, 计算是相当繁复的, 当年就连爱因斯坦本人在有关引力波的第一篇论文中都没能算对, 直到 1918 年发表的题为 "论引力波" (On Gravitational Waves) 的后续论文中才得以纠正⑨.

(5.6) 式给出的引力波的辐射功率究竟有多大呢? 我们将在下一章中揭开谜底, 我们将具体计算或估算一些典型物理体系 —— 其中包括第三章中提到的拉普拉斯考虑过的月球轨道运动 —— 的引力波辐射功率. 那也将是我们首次有机会通过一个具有日常含

⑨ 爱因斯坦 1918 年的论文其实仍有一个因子 2 的小错, 于 1922 年被爱丁顿所纠正. 不过计算虽然繁复, 最终的结果跟电磁理论的相应结果 —— 即电磁四极辐射的辐射功率 —— 其实只差一个比例系数, 正所谓 "魔鬼存在于细节之中" (the devil is in the details).

义的物理量 —— 功率 —— 来直观地了解引力波. 我们会看到, 月球轨道因引力波造成的 “蜕化” 为什么是如第 31 页注 ③ 所说的 “绝非观测所能企及”, 以及庞加莱所寄望的用引力波造成的能量损失来解释水星近日点的进动为什么是完全错误的. 我们也会初步看到, 在某些特殊体系中的引力波辐射功率可以达到惊人的程度.

六.

从难以置信的弱到不可思议的强

在本章中, 我们要做一件顺理成章的事, 那就是应用上一章得到的引力波四极辐射的功率表达式 —— 即 (5.6) 式, 来计算或估算一些具体例子, 并得出数值结果, 从而使我们对引力波 —— 尤其是它的强弱 —— 有一个比抽象公式更直观的了解.

不过在应用之前, 首先要解决一个小问题.

细心的读者想必早已注意到 —— 事实上我们曾提醒过, (5.6) 式及前文中的其他类似公式都采用了光速 $c=1$ 的特殊单位制, 由此带来的显而易见的结果是公式中不出现光速. 这种在理论推导时颇为简洁的单位制对具体应用却是不太方便的①, 因此在应用之前, 我们首先要恢复 (5.6) 式中的光速, 恢复的手段是所谓的量纲分析 (dimensional analysis).

具体地说, 我们用 $[X]$ 表示物理量或物理常数 X 的量纲, 用 M、L 和 T 分别表示质量、长度和时间的量纲, 则 (5.6) 式中各项或物理常数的量纲分别为:

$$\begin{aligned}\left[\frac{\mathrm{d}E}{\mathrm{d}t}\right] &= ML^2T^{-3}\\ [G] &= M^{-1}L^3T^{-2}\\ \left[\frac{\partial^3 Q_{ij}}{\partial t^3}\right] &= ML^2T^{-3}\end{aligned} \tag{6.1}$$

为了让 (5.6) 式两侧的量纲相同, 我们在其右侧添加即乘上光速的 n 次幂 c^n, 相应的量纲为 $[c^n]=L^nT^{-n}$. 将这些结果代回 (5.6) 式可得量纲方程 (请读者自行推导):

$$ML^2T^{-3} = ML^{7+n}T^{-8-n} \tag{6.2}$$

① 当然, 单位制的选择原则上有很大的自由度, $c=1$ 的特殊单位制对具体应用只是不太方便, 而非绝对不行, 一定要用的话, 需付的代价是对各物理量或物理常数的数值都做相应的变更.

这方程的唯一解为 $n=-5$, 由此得到恢复光速后的辐射功率公式为:

$$\frac{\mathrm{d}E}{\mathrm{d}t}=-\frac{G}{5c^5}\dddot{Q}_{ij}\dddot{Q}^{ij} \tag{6.3}$$

有了 (6.3) 式, 我们便可计算具体体系的引力波辐射功率. 其中一个最简单而不失现实意义的体系是做圆周运动的质点 —— 或者更确切地说, 是相对于背景时空做圆周运动的质点. 太阳系内多数行星绕太阳的公转、多数卫星绕行星的公转, 乃至绕共同质心做圆周或接近圆周运动的双星等, 都可在一定程度上近似为这样的体系.

假设质点的质量为 m, 圆周运动半径为 r, 则在原点位于圆心、随质点转动的所谓随动坐标系 (x'_1,x'_2,x'_3) 中②, 可将质点的位置取为 $(r,0,0)$, 转轴取为 x'_3. 相应地, 由 (5.3) 式所定义的四极矩为: $Q_{11}=\frac{2}{3}mr^2$, $Q_{22}=Q_{33}=-\frac{1}{3}mr^2$, 其余分量皆为零. 将这一结果变换到与背景时空相 "固连" 且与随动坐标系共享原点及转轴的坐标系 —— 称为固定坐标系 —— 中, 可得到随时间而变的四极矩, 以及:

$$\dddot{Q}_{ij}\dddot{Q}^{ij}=32m^2r^4\omega^6 \tag{6.4}$$

其中 ω 是随动坐标系相对于固定坐标系的转动角速度, 也就是质点绕圆心的转动角速度③. 将 (6.4) 式代入 (6.3) 式便可得到这一体系的引力波辐射功率为:

$$\frac{\mathrm{d}E}{\mathrm{d}t}=-\left(\frac{32G}{5c^5}\right)m^2r^4\omega^6 \tag{6.5}$$

---

② 细心的读者也许会对这里采用的 "坐标系" 一词跟前文所用的 "参照系" 的区别产生好奇, 这两者的区别没有统一规定, 我们的大致用法是: 意在强调具体的数学坐标时用 "坐标系", 其余皆用 "参照系".

③ (6.4) 式的推导思路是直截了当的: 只要用随动坐标系与固定坐标系之间的变换矩阵 (即绕 x'_3 轴的转动矩阵) 对作为二阶张量的随动坐标系中的四极矩 Q_{ij} 作变换, 便可得到固定坐标系中的 "随时间而变的四极矩" (之所以随时间而变, 是因为随动坐标系与固定坐标系之间的转角 —— 也就是变换矩阵中的角度参数 —— 是随时间增加的); 对之求导、求和便可得到 (6.4) 式. 具体的推导并不复杂, 感兴趣的读者可以自己试试.

(6.5) 式中所有的物理量即质量、半径、角速度都是能直接测量的, 从而可付诸计算. 我们以太阳系最大的行星 —— 木星 —— 绕太阳的公转为例, 来计算一下这种体系的引力波辐射功率. 为此, 我们首先列出与这一计算有关的木星及其轨道参数在国际单位制下的数值 (为行文便利, 在此处及后文的数值计算中, 单位往往被略去, 感兴趣的读者可依照国际单位制自行补全):

$$\begin{aligned} m &= 1.9 \times 10^{27} \\ r &= 7.8 \times 10^{11} \\ \omega &= 1.68 \times 10^{-8} \end{aligned} \tag{6.6}$$

其中轨道半径取为椭圆轨道的半长径. 将这些数值, 外加国际单位制下的物理常数 G 和 c 的数值 $G = 6.67 \times 10^{-11}$ 和 $c = 3 \times 10^8$, 代入 (6.5) 式便可得到:

$$\frac{\mathrm{d}E}{\mathrm{d}t} = -5.3 \times 10^3 \tag{6.7}$$

由于国际单位制下的功率单位是瓦 (watt), 因此上式给出的是一个小得可怜的功率: 5.3×10^3 瓦或 5.3 千瓦. 太阳系最大的行星, 一个质量达 1.9 亿亿亿吨的庞然大物, 以每小时 46800 千米的巨大速度绕太阳公转所发射的引力波的辐射功率居然是 5.3 千瓦这么一个 “家常” 数字, 仅相当于几台家用电器的能耗, 这远远不是 “九牛一毛” 可以形容其小的. 靠这样的辐射功率, 哪怕使木星的轨道半径减小一毫米也需要 10 亿年以上的时间 (感兴趣的读者可自行核验)!

木星尚且如此, 更小体系的引力波辐射功率自然就更微不足道了. 事实也正是如此, 比如水星绕太阳公转的引力波辐射功率约为几十瓦, 只相当于几盏灯泡 —— 恐怕还是节能灯泡 —— 的能耗[4]. 而月球绕地球公转的引力波辐射功率更是"迷你", 仅为几微瓦. 在一个天文体系中涉及如此"微观"的功率, 这在引力波以外的领域是不易见到的, 引力波的微弱在这一例子中可说是体现得淋漓尽致.

这些例子当然也说明了我们在第 31 页注 ③ 中所说的"月球轨道因发射引力波而产生的'蜕化'哪怕在今天也绝非观测所能企及, 以此为基础推算任何东西都是在沙滩上建城堡"是毫不夸张的, 同时也印证了第三章末尾提到的, 庞加莱所寄望的用引力波造成的能量损失来解释水星近日点的进动是完全错误的. 事实上, 太阳系范围内的任何天体运动所产生的引力波都绝非今天的观测技术所能企及, 从而也不能用来解释任何观测现象.

不过, 这一切只不过说明我们这个从很多其他角度看起来相当浩瀚的太阳系对引力波来说实在不是一个大舞台, 而并不意味着引力波总是微弱的. 为了说明这一点, 让我们把注意力转向某些引力波辐射功率极为可观的体系, 看看引力波能强大到什么程度.

不过为偷懒起见, 同时也为展示物理学家们不拘一格的计算手段, 我们将不再重复上面这种"死算", 而要采用一些近似手段. 当然, 我们其实一直就在用近似手段, 首先是弱场近似, 然后是在多极展开中只取四极辐射, 现在我们要在近似之路上再多走一步. 不过, 多走的这步跟前面几步有一个很大的不同: 前面的近似都有一定的适用条件, 只要满足条件, 误差可以控制得很小, 如今要多走的这步则不然, 名曰近似, 实为估算 —— 数量级意义上的估算. 在这种估算中, 我们不在乎任何数量级为 1 的常数 —— 比如 (6.3) 式中的系数 1/5, 也不在乎诸如质量分布、速度分布之类的细节, 而代

④ 当然, 水星轨道偏离圆轨道的幅度较为显著, 套用上述公式的误差也较大, 不过这种引力波无论直接探测还是通过其对轨道的影响来间接观测都是毫无希望的, 我们关心的只是数量级意义上的结果, 那样的误差不是问题.

之以某种平均. 既然分布由平均取代, 则积分就可变为乘法, 导数则可化为除法, 因此 (5.3) 式给出的四极矩 Q_{ij} 可近似为 MR^2 (其中 M 是体系的总质量, R 是线度); 而 (6.3) 式中的三阶导数 $\dddot{Q}_{ij}$ 则可近似为 MR^2/T^3 (其中 T 是体系中物质运动的典型周期).

除这些简单数学外, 我们还要用一点简单物理, 那就是: 能辐射强引力波的体系必然是以引力为主导的体系, 这种体系中物质运动的典型速度乃是引力束缚下的轨道运动速度 $v \sim (GM/R)^{1/2}$, 典型周期则是 $T \sim R/v \sim (R^3/GM)^{1/2}$. ⑤

利用这些结果, (6.3) 式可在数量级意义上被估算为 $\mathrm{d}E/\mathrm{d}t \sim -(c^5/G)(GM/Rc^2)^5$. 这里我们将等号 "=" 换成了表示数量级估算的 "~", 并且略去了 1/5 一类的数值系数. 最后, 我们注意到 c^5/G 是一个量纲为功率 (或等价地, 亮度、光度) 的常数, 我们用 L_0 来表示它. L_0 被称为普朗克亮度 (Planck luminosity), 数值约为 10^{52}, 是一个极为惊人的功率⑥, 相当于每秒钟消耗 10 万个太阳质量 (请注意, "每秒钟消耗 10 万个太阳质量" 不是太阳光度的 10 万倍, 而是每秒钟将 10 万个太阳的总质量全部转化为能量消耗掉). 利用所有这些结果, (6.3) 式可最终简化为:

⑤ 这种典型速度及典型周期所对应的是动能和引力势能的量值大致相当的情形, 也是引力束缚所允许的最剧烈的运动 (更剧烈的话, 体系将挣脱引力的束缚而 "散伙"). 这样的运动对产生引力波是相对有利的.

⑥ 普朗克亮度的物理意义可以这样来理解: 假如半径为 R 的球面内包含了数量为 Mc^2 的能量, 则那些能量最快可在 R/c 时间内发射完, 相应的亮度为 Mc^3/R. 显然, R 越小亮度越高, 但 R 若小于施瓦西半径 GM/c^2 (在这类分析中照例略去数量级为 1 的因子), 能量将无法逃逸, 因此最大亮度只能出现在 R 接近施瓦西半径 GM/c^2 时, 相应的亮度恰好是 L_0. 因此, 普朗克亮度在很大程度上代表了亮度的理论上限. 普朗克亮度的一个不同于其他普朗克单位的有趣特点是不含普朗克常数, 因而跟量子效应无关, 不过它恰好是普朗克质量除以普朗克时间 (也就是在普朗克时间内发射出普朗克质量 —— 这可以视为它的另一层物理含义), 故而能名正言顺地成为普朗克单位之一.

$$\frac{\mathrm{d}E}{\mathrm{d}t} \sim -\left(\frac{GM}{Rc^2}\right)^5 L_0 \tag{6.8}$$

对广义相对论或黑洞物理学有一定了解的读者也许注意到了, (6.8) 式中的 GM/Rc^2 乃是所考虑体系的施瓦西半径 (Schwarzschild radius) 与真实线度之比⑦. 对普通的体系来说, 这个比值是非常小的. 比如对太阳来说, 施瓦西半径约为 3 千米, 真实线度却在 100 万千米的量级, 两者之比为百万分之一的量级. 对木星的公转来说, 施瓦西半径是木星和太阳这一体系的施瓦西半径, 实际上也就是太阳的施瓦西半径 (因为木星质量只有太阳质量的千分之一, 可以忽略), 而真实线度乃是木星轨道的线度, 在 10 亿千米的量级, 两者之比只有十亿分之一的量级. 更何况, 出现在公式中的乃是这一比值的 5 次方, 更是小之又小. 这是引力波辐射功率通常极其微小的重要原因.

那么什么样的体系可能会有辐射功率极为可观的引力波呢? 从 (6.8) 式中立刻可以看出是强引力场天体. 强引力场天体的基本特点就是施瓦西半径不比真实线度小太多, 从而 GM/Rc^2 是一个不太小的比值. 由于 (6.8) 式中的 L_0 是一个极为惊人的功率, 因此一旦 GM/Rc^2 不太小, 引力波的辐射功率便会走向另一个极端, 变得极为可观.

比如高速转动的中子星 (neutron star), 这种中子星通常发射在我们看来脉冲式的电磁辐射 (其实只是由于电磁辐射周期性地扫过我们的方向), 因而也被称为脉冲星 (pulsar) —— 就是强引力场天体的典型例子. 这种天体是大质量恒星的几类主要 "尸体" 之一, 平

⑦ 对于不熟悉施瓦西半径的读者, 我们略作解释: 一个天体的施瓦西半径乃是它作为非转动、不带电的天体被压缩成黑洞时的视界半径, 确切地说是视界周长除以 2π 意义上的等效半径, 表达式为 $2GM/c^2$ (其中的 2 在数量级估算中可以忽略). 之所以强调非转动、不带电, 是因为否则的话会有超出我们估算所需的额外复杂性.

均物质密度高达每立方米数百万亿吨, 相应的半径只比施瓦西半径大一个数量级左右, 即 GM/Rc^2 约为 10^{-1}, 由此对应的引力波辐射功率高达 10^{47} 瓦 (一千万亿亿亿亿亿瓦), 或相当于每秒钟辐射掉一个太阳质量. 这样的辐射功率相当于太阳光度的一万亿亿倍, 或相当于银河系中所有星星辐射功率总和的 100 亿倍. 由于可观测宇宙中的星系总数在 1000 亿的量级, 而银河系在星系中属于较大的, 因此 10^{47} 瓦的引力波辐射功率已能跟可观测宇宙中所有星星辐射功率的总和相提并论了.

有些读者或许还记得, 我们在本书开篇谈及美国激光干涉引力波天文台首次探测到的引力波时曾提到过, 那次探测到的引力波源自一对黑洞的合并, 其最大的引力波辐射功率甚至超过了可观测宇宙中所有星星辐射功率的总和. 我们上面的估算可说是印证了这一陈述, 因为与中子星相比, 黑洞是更极端的强引力场天体, 相应地, 涉及黑洞的某些过程所辐射的引力波也更可观, 既然前者的辐射功率已能跟可观测宇宙中所有星星辐射功率的总和相提并论, 后者超过可观测宇宙中所有星星辐射功率的总和也就并不奇怪了.

在经受了这么多公式和数字的 "折磨" 后, 从环环相扣的理论推演中初步印证了科学新闻中的描述, 是不是有一点小小的成就感?

不过, 辐射功率如此惊人的引力波就算出现了也不可能持久, 而注定只是昙花一现的瞬态过程. 甚至, 这种辐射其实未必真能出现在我们所提到的中子星这一例子之中. 这是因为我们的估算不仅粗略, 而且还忽略了四极辐射的一个重要特点, 即对称性高的运动 —— 比如球对称的脉动或轴对称的转动 —— 根本不会有四极辐射. 由此造成的缺陷是: (6.8) 式有一个隐含的先决条件, 那就是体系必须处于高度非对称的运动中. 对单个的中子星来说, 也许只有在其形成过程中变动最剧烈的爆炸或坍塌瞬间能出现较大程度的非对称运动, 才能使上述估算勉强有一定的适用性. 不过上述估算并非只适用于单个的中子星, 若转而考虑中子星双星 (neutron star binary) 的合并, 则高度非对称的运动不难出现, 而且在合并过程的末期整个体系的 GM/Rc^2 与单个中子星相似, 约为 10^{-1}, 从而确实能在一个极短的时间内产生如前所述的惊人的引力波辐射功率. 对于那样的过程, 以及更惊人的黑洞双星 (blackhole binary) 的合并, 我们在后文中会有更多介绍, 这里就不赘述了.

除上面这种辐射功率惊人却至多只能昙花一现的引力波外, 中子星也可以相对稳定地辐射出功率很强的引力波. 不过为显示这一点, 我们需对 (6.8) 式略作修正, 以扩大其适用范围.

我们刚才提到, (6.8) 式忽略了四极辐射的一个重要特点, 即对称性高的运动 —— 比如球对称的脉动或轴对称的转动 —— 根本不会有四极辐射. 因此修正 (6.8) 式的关键就在于将对称性高的运动排除掉. 为此我们注意到, 出现在 (6.3) 式中的四极矩张量乃是体系的转动惯量张量 (moment of inertia tensor) 的无迹 (traceless) 形式⑧. 利用这一特点, 我们可以用转动惯量张量来表述和排除对称性高的运动. 具体地说, 转动惯量张量 —— 乃至一切二阶对称张量 —— 能在一个被称为主轴坐标系 (principal axes coordinates) 的特殊坐标系中对角化, 这种坐标系的三个相互垂直的坐标轴 —— 姑记为 x, y, z —— 称为主轴 (principal axis), 相应的转动惯量张量的对角分量 —— 姑记为 I_x, I_y, I_z —— 称为主转动惯量 (principal moment of inertia) 或主惯量. 我们考虑一个相对简单却不失现实意义的情

---

⑧ 我们这里采用的转动惯量张量的定义为 $I_{ij} = \int \mathrm{d}^3\boldsymbol{x}'\rho(\boldsymbol{x}')x_i'x_j'$. 与 (5.3) 式所定义的四极矩张量 Q_{ij} 相比较, 不难看出后者是前者的无迹形式, 即满足 $Q^i_i = 0$.

形: 中子星绕主轴 z 转动. 在这种情形下, 四极矩张量的 z 分量是不变的, 从而不会对四极辐射产生贡献, 不仅如此, x–y 平面上的两个主惯量 I_x 和 I_y 若相等, 则相应的转动是轴对称的转动, 四极矩也不会随时间变化, 从而也不会对四极辐射产生贡献. 这些正是需从 (6.8) 式中排除掉的所谓对称性高的运动. 由此我们可将产生四极辐射的条件表述为: x–y 平面上的主惯量 I_x 和 I_y 不相等. 描述这种不相等的一个方便的参数是转动惯量张量的所谓赤道椭率 (equatorial ellipticity), 记作 e, 定义为 $e = (I_x - I_y)/(I_x + I_y)$. 可以证明, 由 (6.3) 式给出的引力波辐射功率正比于 e^2 —— 这从 (6.3) 式是 Q_{ij} 的二次型就不难看出, 效仿前文针对圆周运动质点的计算步骤亦不难给出证明. 相应地, (6.8) 式则可通过添加 e^2 而得到一个相当有效的修正, 即:

$$\frac{\mathrm{d}E}{\mathrm{d}t} \sim -\left(\frac{GM}{Rc^2}\right)^5 e^2 L_0 \tag{6.9}$$

有了这个修正, 则中子星的引力波辐射功率就不是 10^{47} 瓦, 而是 $10^{47}e^2$ 瓦. 对于中子星这种强引力场天体来说, 运动偏离对称的幅度通常是很小的, e 的典型量级只有 10^{-4} 左右, 相应的引力波辐射功率则约为 10^{39} 瓦, 或相当于几年内辐射掉一个太阳质量. 当然, 10^{39} 瓦虽比 10^{47} 瓦小得多 (也合理得多), 却依然足以在几年内耗掉中子星的转动能量, 从而造成其转速的显著减小, 以及 e 的减小. 当转速或 e 减小时, 引力波的辐射功率及对自转的减速作用也将减小, 并逐渐逊色于其他因素 —— 比如磁偶极辐射等, 细节则视具体情形而定. 此外, 当转速减小到一定程度后, (6.9) 式这种与转速无关的粗略估算也将不再适用⑨, 而需重新改用 (6.3) 式来计算.

⑨ 因为推导 (6.9) 式所用的典型速度及典型周期 —— 如第 61 页注 ⑤ 所述 —— 是引力束缚所允许的最剧烈的运动 (具体到中子星上, 则是最快的转速), 因而当转速减小到一定程度后, 这种估算将成为显著的高估而不再适用.

由于本章只是意在提供一些直观了解, 对那样的细节就不展开了.

计算引力波辐射功率的例子还可举出许多, 其中包括人工物体产生的引力波. 当然, 后者的结果将是可以预料的微乎其微, 比如线度数十米、质量数百吨, 对人工物体而言相当庞大的金属圆柱以每秒十余圈的速度绕质心转动所产生的引力波辐射功率仅为一百万亿亿亿分之一 (10^{-30}) 瓦的量级. 感兴趣的读者可自己找几个例子计算或估算一下, 以加深理解. 通过所有这些例子, 我们对引力波的强弱可算是有了大致了解, 一言以蔽之的话, 引力波既可以难以置信的弱, 也能够不可思议的强, 除某些实际上不可能严格满足的高度对称的运动外, 它的存在极其普遍, 倘能探测到, 无疑将为物理学和天文学开辟一个广阔而缤纷的新领域.

不过在转入引力波的探测之前, 我们还有一段有趣的插曲要介绍. 这段插曲 —— 我向读者保证 —— 将完全不带数学, 从而可以喘口气.

七.

拯救大兵爱因斯坦

我们迄今介绍的引力波研究都是近似研究, 基本理论框架未超出爱因斯坦 1918 年的原始论文 "论引力波" (具体参阅第四、五两章). 跟某些其他领域注重严格解不同, 引力波由于只在天文体系且往往是相当极端的天文体系中才有被探测到的希望, 而那样的体系具有高度的复杂性, 无法满足严格解所要求的苛刻条件, 因此引力波的严格解在很长的时间里对物理学家来说是个冷门.

不过例外总是有的. 1936 年, 已落户普林斯顿高等研究院的爱因斯坦就亲自展开了对引力波严格解的研究.

那项研究是跟他的助手、美国物理学家罗森 (Nathan Rosen) 合作进行的①, 其最出名的地方不在于研究本身的重要性, 而是发表过程的戏剧性.

那项研究完成后, 爱因斯坦和罗森将之写成一篇题为 "引力波存在吗?" (Do Gravitational Waves Exist?) 的论文寄给了美国学术刊物《物理评论》(Physical Review), 后者于 6 月 1 日收到论文. 论文中写了什么呢? 爱因斯坦在给德国物理学家玻恩 (Max Born) 的一封信中作了披露:

> 与一位年轻合作者一同, 我得到了一个有趣的结果, 那就是引力波尽管在初级近似下被确信过, 其实却并不存在. 这显示出非线性的广义相对论波动场方程所能告诉——或者毋宁说限制——我们的比我们迄今以为的还要多.

这是一个相当出人意料的结果. 尽管引力波的存在远非当时的实验或观测所能验证, 但从我们前几章的介绍中不难看出, 它不

---

① 除早年与老同学格罗斯曼 (Marcel Grossmann) 的合作外, 爱因斯坦本质上是 "个体户", 合作者或学生中没有特别出色的, 略有名头的都是因跟他合作而出的名, 独立研究的水平则一般. 罗森就是其中之一, 其最出名的工作是 "EPR 佯谬" (EPR paradox), 其次是 "爱因斯坦–罗森桥" (Einstein-Rosen bridge), 再其次就是这项引力波严格解的研究, 全都是 "以爱因斯坦同志为核心" 的.

仅“在初级近似下被确信过”, 而且称得上是引力的非瞬时传播及广义相对论时空描述的必然推论. 而现在, 爱因斯坦这位广义相对论的奠基者兼引力波先驱居然亲自宣称引力波“其实却并不存在”, 实在很出人意料.

爱因斯坦为何会得出如此出人意料的结果呢? 很不幸, 如今只能通过间接资料来推测了, 因为那篇论文的原始版本 —— 如我们即将看到的 —— 并未发表, 且很可能已不复存在. 但不幸中的大幸是: 从爱因斯坦的书信、合作者的回忆, 以及后续论文等诸多资料中可以作出相当有把握的“复盘”. 原来, 爱因斯坦和罗森所研究的严格解是平面引力波的严格解, 但在求解过程中遇到了所谓的“奇异性” (singularity), 即度规张量的某些分量发散或无法确定. 更糟糕的是, “奇异性”出现的地方是真空, 从而得不到任何物理缘由的支持. 爱因斯坦和罗森据此断定平面引力波的严格解不存在, 并继而认为引力波不存在②.

爱因斯坦和罗森的那篇论文并非爱因斯坦初次与《物理评论》打交道. 自 20 世纪 30 年代起, 随着欧洲政治局势的日益严峻, 爱因斯坦在论文发表上渐渐“脱欧入美”,《物理评论》则差不多是美国刊物中他的首选, 他此前不久完成的两项重要研究 —— 即著名的“EPR 佯谬” (EPR paradox) 和“爱因斯坦–罗森桥” (Einstein-Rosen bridge) —— 都是发表在《物理评论》上的 (均发表于 1935 年). 从这个意义上讲, 爱因斯坦可算是《物理评论》的老朋友了.

然而此次投稿却让老朋友有些“莫名惊诧”.

---

② 原则上讲, 哪怕平面引力波的严格解不存在, 也并不等同于引力波不存在. 爱因斯坦和罗森为何会作出如此普遍的断言? 由于原稿很可能已不复存在, 答案也就很可能无法查考了. 不过从前面引述的爱因斯坦给玻恩的信中或许可以作出一种猜测, 那就是他们从这一特例中得出了“非线性的广义相对论波动场方程所能告诉 —— 或者毋宁说限制 —— 我们的比我们迄今以为的还要多”的结论, 并进而认为在其他情形下这种“比我们迄今以为的还要多”的“限制”也会导致引力波的不存在.

论文寄出后, 隔了两个月左右才有消息, 却并非情理之中的发表消息, 而是《物理评论》编辑泰特 (John Tate) 7 月 23 日所撰的一封意料之外的来信:

亲爱的爱因斯坦教授:

我不揣冒昧地将您和罗森博士关于引力波的论文连同审稿人的评论一同寄回给您. 在发表您的论文之前, 我希望看到您对审稿人的各种评论和批评的回应.

您的忠实的

约翰 · 泰特

后来的研究显示, 这种对今天的学者来说习以为常的来信很可能是爱因斯坦生平第一次遭遇学术刊物的 "审稿人制度" (referee policy) —— 也称为 "同行评议制度" (peer-review policy). 在那之前, 哪怕在他还是一名专利局的小职员时, 也从未遭遇过论文被审稿的事情, 而在他成名之后, 发表论文更是成了刊物的殊荣, 自然更不曾遭遇审稿. 就连此前发表的有关 "EPR 佯谬" 和 "爱因斯坦–罗森桥" 的论文, 虽也是寄给《物理评论》的, 且编辑也是泰特, 却也并未遭遇审稿. 在这种情形下, 泰特的来信显然不是爱因斯坦 "喜闻乐见" 的, 他于 7 月 27 日作出了如下回复:

亲爱的先生:

我们 (罗森先生和我) 将手稿寄给你是意在**发表**, 而不是授权你在付印之前呈视给专家. 我看不出有什么理由回应你那匿名专家的 —— 且还是错误的 —— 评论. 有鉴于此事, 我宁愿将论文发表到别处.

此致

从称谓的冷淡, 语气的生硬, 署名的缺失, 以及将论文 "发表到别处" 的决定来看, 爱因斯坦显然生气了, 后果也很严重: 他从此再没给《物理评论》投过论文[③]. 失去爱因斯坦的投稿大概是 "审稿人制度" 在推行过程中, 单一刊物付出过的最大代价.

从《物理评论》撤稿后, 爱因斯坦将论文转寄给了《富兰克林研究所杂志》(Journal of the Franklin Institute), 后者当然毫无悬念地接受了论文. 不过在论文付印之前, 又一件意料之外的事情发生了.

在爱因斯坦和罗森的引力波研究完成后, 罗森接受了由爱因斯坦推荐的基辅大学的一个临时教职, 赴苏联任了职. 接替罗森成为爱因斯坦助手的是波兰物理学家英菲尔德 (Leopold Infeld)[④]. 在爱因斯坦的主要合作者中, 英菲尔德是唯一写过回忆录的, 他的回忆录《探索: 我的自传》(Quest: An Autobiography) 是有关那一时期爱因斯坦生活和工作的重要资料. 据英菲尔德回忆, 当他得知爱因斯坦证明了引力波并不存在时, 起初不无吃惊和怀疑, 然而经过爱因斯坦的解说, 他不仅 "皈依" 了爱因斯坦的结论, 还 "脑洞大开" 地提出了自己的论证方法.

另一方面, 英菲尔德在普林斯顿结交的朋友之中有一位刚从加州理工学院结束学术休假回到普林斯顿的相对论专家, 名叫罗伯逊 (Howard P. Robertson). 罗伯逊比英菲尔德年轻五岁, 在相对论领域却资深得多, 是相对论宇宙学上著名的 "罗伯逊–沃尔克度规" (Robertson–Walker metric) 的提出者之一[⑤]. 这两人一位跟随爱因斯坦做研究, 一位在爱因斯坦开辟的领域里工作, 自然很快谈起了爱

③ 唯一的一次算不上例外的例外是 1953 年发表的一篇并非论文的简短反驳, 驳的是针对他 "统一场论" (Unified Field Theory) 的一篇批评.

④ 跟罗森类似, 英菲尔德也主要是因跟爱因斯坦合作而出名, 其中最出名的是跟爱因斯坦合撰了《物理学的进化》(The Evolusion of Physics) 一书.

⑤ "罗伯逊–沃尔克度规" 的提出者除罗伯逊及英国数学家沃尔克 (Arthur Walker) 外, 还有俄国物理学家弗里德曼 (Alexander Friedmann) 和比利时天文学家勒梅特 (Georges Lemaître), 因此名称也特别繁多, 几乎涵盖了这四人名字的任意组合.

罗伯逊 (1903—1961)

因斯坦和罗森的引力波研究. 但与英菲尔德的 “皈依” 不同, 罗伯逊对这一研究表示了高度怀疑. 英菲尔德于是就介绍了自己的论证方法, 结果却被罗伯逊推翻.

铩羽而归的英菲尔德将此事告知了爱因斯坦. 但有意思的是, 爱因斯坦非但没替他出头, 反而表示前一天晚上他在自己的证明中也发现了错误 (可惜英菲尔德在记述此事时未述及爱因斯坦发现的是什么错误). 两人的证明都被发现错误, 引力波不存在的结论自然就不得不重新斟酌了. 但发现错误不等于订正错误, 后者还需进一步的工作. 正确的结论是什么呢? 爱因斯坦一时尚无头绪.

不巧的是, 爱因斯坦当时已安排了一个报告, 介绍他对引力波不存在的论证. 临时取消已来不及了, 怎么办呢? 爱因斯坦便既来之, 则安之, 干脆转而介绍了自己论证中的错误. 在结束报告时, 爱因斯坦表示: “如果你们问我引力波到底有没有, 我必须回答说我不知道. 但这是一个高度有趣的问题.”

科学史上有各种各样的故事, 最亮丽的无疑是成功的故事, 但更能反映科学真谛的, 其实往往是那些诚实地对待错误, 坦然宣布

“我不知道” 的故事. 因为成功只是历史, 诚实地对待错误, 坦然宣布 “我不知道” 才是未来所系.

发现错误后的爱因斯坦是如何订正错误的呢? 英菲尔德的回忆并未谈及, 不过罗森在 1955 年所作的一次题为 “引力波” (Gravitational Waves) 的学术报告中给出了说明. 这一说明显示罗伯逊在其中起了很直接的作用, 在他的提示下, 爱因斯坦意识到了他和罗森发现的带奇异性的平面波解可以诠释为柱面引力波的严格解. 在那样的诠释下, 原本出现在真空中, 从而得不到物理缘由支持的奇异性转移到了柱面的轴心上, 也就是波源物质的分布之处, 那样的奇异性就像人们熟悉的点电荷的奇异性一样, 乃是物质分布 —— 确切地说是物质分布的理想化 —— 造成的, 从而是有物理缘由并且意料之中的.

1936 年 11 月 13 日, 爱因斯坦致信《富兰克林研究所杂志》表示论文需作大幅修改. 1937 年初, 修改后的论文正式发表, 标题由 “引力波存在吗? ” 这一不怀好意的设问改为了 “论引力波” (On Gravitational Waves), 与爱因斯坦 1918 年那篇奠定引力波四极辐射公式的论文同名, 论文中的柱面引力波严格解后来被称为 “爱因斯坦–罗森度规” (Einstein–Rosen metric). 在论文的末尾, 爱因斯坦向罗伯逊表示了感谢: “…… 我们原先曾错误地诠释了我们的公式结果. 我要感谢我的同事罗伯逊教授友好地帮助我澄清原先的错误.”⑥

就这样, 在罗伯逊的帮助下, 爱因斯坦订正了一个颠覆性的错误, 这个错误若被发表, 他那 “引力波先驱” 的身份不免会有所失

⑥ 不过, 尽管修改后的论文放弃了 “引力波不存在” 的错误结论, 爱因斯坦对引力波的疑虑却依然以相对隐晦的方式体现了出来, 比如他认真考虑了引力波不造成能量损失的可能性, 为此不惜引进超前解 (关于超前解可参阅第 43 页注 ① 的介绍). 爱因斯坦的这种疑虑对罗森、英菲尔德及他们的学生产生了长时间的影响.

色. 当然, 假如英菲尔德的回忆可靠, 那么爱因斯坦其实是比英菲尔德从罗伯逊那里得知论证错误更早, 就独立发现了错误, 而错误既被发现, 则哪怕没有罗伯逊的帮助, 爱因斯坦也有可能会自行纠正. 退一步说, 哪怕爱因斯坦意识不到他和罗森的平面波解可以诠释为柱面波解, 起码也该不会发表 “引力波不存在” 这一错误结论. 从这个意义上讲, 真正从错误边缘上 “拯救” 了爱因斯坦的其实是《物理评论》的那位审稿人, 若没有此人造成的 “耽误”, 爱因斯坦和罗森的论文早就在《物理评论》上发表了.

那位审稿人究竟是谁呢? 这一问题引起了我们在第五章中提到过的《爱因斯坦全集》的编者之一、美国阿肯色大学的物理学家坎尼菲克的兴趣, 于 20 世纪 90 年代中期展开了追根溯源的查索.

坎尼菲克首先前往最显而易见的目标——《物理评论》——查询当年的稿件处理记录, 可惜却被告知 1938 年之前的记录 —— 包括编辑泰特的个人资料 —— 已经缺失. 他于是又到罗伯逊的母校兼主要工作地加州理工学院查询罗伯逊档案. 之所以要查罗伯逊档案, 是因为 1936 年前后美国的广义相对论专家并不多, 其中能快速帮助爱因斯坦订正错误的罗伯逊本人自然有很大 “嫌疑”.

坎尼菲克的判断看来是正确的, 在罗伯逊档案中他有了很大收获, 发现了罗伯逊 1937 年 2 月 18 日写给物理评论编辑泰特的一封信, 写那封信时, 爱因斯坦和罗森修改后的论文已经发表, 罗伯逊向泰特介绍了与之有关的动态:

> …… 论文被寄往了另一份杂志 (连你的审稿人指出过的一两处数值错误都未订正), 在校样寄回时则作了彻底修改, 因为在此期间我已使他确信论文所证明的跟他以为的相反.
>
> 你也许有兴趣看看 1937 年 1 月的《富兰克林研究所杂志》第 43 页的论文, 并跟你审稿人的批评意见的结论作个比较.

这封信虽然只是以旁观者的语气提及了审稿人, 但明显表明罗伯逊知道审稿人报告的内容. 由于《物理评论》的审稿是匿名且具保密性的, 能知道审稿人报告的内容显示罗伯逊极有可能正是审稿人.

但罗伯逊的 “嫌疑” 虽得到印证, 坎尼菲克的线索却到这里也中断了.

大约又过了 10 年左右, 2005 年, 科学界迎来了盛大的 “爱因斯坦年” (因为是爱因斯坦逝世 50 周年, 狭义相对论问世 100 周年, 广义相对论问世 90 周年的共同纪念). 巧得很, 坎尼菲克也迎来了新线索:《物理评论》当时的编辑布卢姆 (Martin Blume) 发现了原以为缺失了的 20 世纪三四十年代《物理评论》的稿件处理记录. 那些记录显示, 爱因斯坦与罗森的引力波论文于 1936 年 6 月 1 日收到, 7 月 6 日寄给审稿人, 7 月 17 日收到审稿人意见, 7 月 23 日将审稿人意见转给作者. 而最重要的是, 在审稿人一栏中, 赫然写着罗伯逊的大名! 如果说此前发现的罗伯逊给泰特的信还只能算分析证据, 那么审稿人一栏中的罗伯逊大名可就有铁证意味了 —— 虽然理论上还存在重名的可能, 但审稿人精通广义相对论这一额外条件足以排除重名.

1936

NAME	DATE IN	REFEREE	DATE IN	TO AUTHOR	TO N.Y.	ISSUE	RE-JECTED
[illegible]	[illegible]	[illegible]	[illegible]				[illegible]
Einstein & Rosen	6/1	Robertson 7/6	7/17	7/23			
[illegible]	[illegible]				4/14	MAY 15, 1936	
[illegible]	[illegible]		4/6	[illegible]	[illegible]	[illegible]	

《物理评论》的稿件处理记录

被这一新证据所鼓舞, 坎尼菲克再次来到加州理工学院查询罗伯逊档案, 结果发现这 10 年间罗伯逊档案也有了新的汇集, 其中有两封罗伯逊与泰特的通信跟《物理评论》的稿件处理记录同样有力地验证了罗伯逊的审稿人身份. 那两封信都写于 1936 年 7 月这个关键的月份, 其中一封是 7 月 14 日罗伯逊给泰特的, 日期正好处于《物理评论》将爱因斯坦和罗森的论文寄给审稿人的 7 月 6 日与收到审稿人意见的 7 月 17 日之间. 罗伯逊在信中这样写道:

> …… 这是件大工作! 如果爱因斯坦和罗森能确立他们的结论, 这将构成对广义相对论最重要的批评. 但我已对全文作了仔细查验 (主要是为我自己的灵魂!), 我完全看不出他们确立了那样的结论. …… 我只能建议你将我的批评呈给他们考虑. ……

另一封则是泰特 7 月 23 日给罗伯逊的, 日期跟泰特将审稿人报告寄给爱因斯坦为同一天. 泰特在信中明确写道:

> 非常感谢你对爱因斯坦和罗森论文的仔细阅读. 我已将你的详细评论寄给了爱因斯坦教授……

这两封信与《物理评论》的稿件处理记录一同构成了罗伯逊审稿人身份的完美证据, 坎尼菲克将之写成文章发表在了 2005 年 9 月的《今日物理》(Physics Today) 上, 为自己的查索画上了圆满句号⑦.

尘封了大半个世纪的历史至此真相大白, 罗伯逊戏剧性地接连两次帮助了爱因斯坦, 不仅保住了后者 "引力波先驱" 的成色, 且还

---

⑦ 顺便说一下,《物理评论》的稿件处理记录还显示, 爱因斯坦此前不久发表的有关 "EPR 佯谬" 和 "爱因斯坦–罗森桥" 的论文 —— 如前文已提到过的 —— 都是未经审稿就被接受了, 由此可见当时的《物理评论》对爱因斯坦并未严格执行审稿人制度. 另一方面, 引力波论文虽遭审稿, 但从收到论文到论文被寄给审稿人之间相隔一个多月看, 似乎颇有过犹豫. 爱因斯坦那两篇未经审稿就被接受的论文其实也是很有争议性的, 尤其 "EPR 佯谬" 是跟当时如日中天的量子力学哥本哈根学派对着干的, 所有这些论文的编辑都是泰特, 他为何放过了那两篇, 却对引力波论文另眼对待? 这其中的原因已很难确知, 倘若是因为他判断出了引力波论文更可疑, 那眼光无疑是值得赞赏的.

增添了一个以他名字命名的 "爱因斯坦–罗森度规" (Einstein-Rosen metric). 当然, 有没有这些东西爱因斯坦都毫无疑问是 20 世纪最伟大的物理学家, 不过在广义相对论的应用领域 —— 确切地说是理论上的应用领域 —— 中, 爱因斯坦的 "战绩" 相对逊色, 几个极富潜力的新方向被他错过. 比如后来炙手可热的黑洞被他因坐标奇异性而判定为不存在⑧; 比如作为近似定律几乎是广义相对论必然推论的哈勃定律 (Hubble's law) 因他青睐静态宇宙而与之失之交臂⑨; 比如目前已成重要观测手段的引力透镜 (gravitational lensing) 被他视为过于细微而不可观测. 在这种近乎 "全军尽墨" 的背景下, 对引力波的预言可谓是力挽狂澜的重大 "战绩", 而为他在这一方向上避免颠覆性错误的罗伯逊则起码在此类应用领域中算得上是 "拯救大兵爱因斯坦" 的人物.

在结束本章之前, 再补充一些花絮.

在罗伯逊档案中, 还有一封罗伯逊给泰特的信也值得一提, 那封信写于泰特将罗伯逊的审稿人意见转给爱因斯坦之后, 罗伯逊在信中建议, 对于像爱因斯坦那样的物理学家, "如果他坚持, 他的声音被听到的权利应高于任何一位审稿人的否决". 在整个故事中, 没有第二句话比这句话更让我对罗伯逊生出敬意, 他对爱因斯坦的尊敬而不盲从, 直言而不失谦逊, 与时常能遇到的小人物因找到大人物破绽而流露的轻佻自得迥然不同. 不仅如此, 这句话还显示出罗伯逊在科学的敏锐之外还有科学史的视野, 他的这一建议其

⑧ 具体可参阅拙作 "黑洞略谈" (收录于《因为星星在那里: 科学殿堂的砖与瓦》, 清华大学出版社 2015 年 6 月出版). 关于坐标奇异性可参阅第 80 页注 ⑩.

⑨ 虽然当时青睐静态宇宙并不与观测相冲突, 但爱因斯坦不曾注意的是, 他所青睐的静态宇宙是不稳定的, 从而实际上是不可能维持静态的. 而静态宇宙一旦被排除, 则由哈勃定律所近似描述的膨胀或坍缩宇宙就几乎是广义相对论的必然推论 (当然, 假定宇宙在大尺度上是均匀和各向同性的). 不过另一方面, 爱因斯坦因青睐静态宇宙而引进的宇宙学常数 (cosmological constant) 后来倒是有了很大的重要性, 可谓意外收获.

实直到今天也不无借鉴意义. 审稿人制度作为保障学术刊物质量的系统制度, 在科学已成庞大产业、作者队伍鱼龙混杂的今天, 其重要性是显而易见的. 但另一方面, 对于足够知名的科学家, 记录他们的错误本身就深具科学史价值, 从这个角度讲, 早年很多欧洲刊物 —— 比如德国刊物 —— 没有审稿人制度也并非全无益处, 爱因斯坦研究广义相对论期间的很多 "半成品" 也许正是因为没有审稿人制度才得以留存, 如今都是珍贵的史料.

不过罗伯逊的建议在当时却为时已晚, 因为爱因斯坦虽有随和的一面, 却同时也是个有脾气的人, 直接就作出了永久放弃《物理评论》的决定, 而不曾留出任何回旋余地. 当然, 爱因斯坦始终也不知道 "友好地帮助" 他订正错误的 "我的同事罗伯逊教授" 与审稿人是同一人, 否则或许能稍稍改观对审稿人制度的恶感. 罗伯逊的审稿人意见长达 10 页, 其中分析了他替爱因斯坦订正的错误, 可惜爱因斯坦盛怒之下未予细察就判定其为 "且还是错误的", 从而失去了更早订正错误的可能.

关于爱因斯坦和罗森修改后的论文也有一些可以补充的. 如前所述, 那篇论文给出了柱面引力波的严格解. 不过, 这个如今被称为 "爱因斯坦-罗森度规" 的严格解其实早在 1925 年就曾被奥地利物理学家贝克 (Guido Beck) 所发现, 却不幸被忽略了. 这种忽略在一定程度上是时代使然, 因为同一时期兴起的量子力学的风头显著盖过了广义相对论. 从那时起的数十年时间里, 广义相对论作为研究领域是相当冷清的, 除爱因斯坦等少数物理学家外, 只有一些数学家仍在从事广义相对论研究, 而无论爱因斯坦还是数学家对物理文献的涉猎都比较粗疏, 从而造成了某些非著名物理学家的工作被忽略.

在本章的最后, 还有一个遗留问题值得交待, 那就是爱因斯坦和罗森将原先的平面波解诠释为了柱面波解，但他们原先研究的平面引力波到底存不存在呢？在这个遗留问题上继续追索的是罗森。由于远赴苏联，罗森没有参与爱因斯坦、英菲尔德和罗伯逊之间的交流，他是先从报纸上，后来从杂志上才得知论文被修改的。罗森对全盘放弃他和爱因斯坦原先的结论并不完全认同，于 1937 年在苏联独立发表了一篇论文，提出平面引力波不存在。那篇论文被认为很可能非常接近爱因斯坦和罗森论文的原始版本，两者的实质区别也许仅仅是将原先过于宏大的"引力波不存在"的结论缩减为了论文直接针对的平面引力波的不存在，理由则依然是求解过程中遇到的奇异性。不过罗森的这一论文后来被英国物理学家邦迪 (Hermann Bondi)、皮拉尼 (Felix Pirani)、美籍英裔物理学家罗宾逊 (Ivor Robinson) 等人证明是错误的，因为罗森遇到的奇异性乃是所谓的坐标奇异性，而非具有实质意义的物理奇异性，其所显示的只是坐标系的缺陷，而非平面引力波的不存在[10]。那几位物理学家同时直接证明了广义相对论允许平面引力波，从而解决了遗留问题。

以上就是我们故事的全部，也基本上是爱因斯坦本人研究引力波的尾声。在那之后，引力波研究作为我们刚才提到的广义相对论冷清的一部分，一度陷入了沉寂。这一切直到 1955 年才开始有所改变，那一年爱因斯坦去世了，对他的纪念以及对狭义相对论问世 50 周年和广义相对论问世 40 周年的研讨逐渐使一小部分物理学家重新关注起了广义相对论。

---

⑩ 在平面引力波的度规中会出现坐标奇异性其实早在 1926 年就已被英国数学家鲍德温 (O. R. Baldwin) 和杰弗里 (George B. Jeffery) 所发现。坐标奇异性是类似于在地球的南北极上经度值不唯一那样的奇异性，是纯粹来自坐标而不具有实质意义的。将坐标奇异性错当成物理奇异性是早期广义相对论研究中的常见错误，前文提到过的黑洞被爱因斯坦因存在坐标奇异性而判定为不存在也是一个例子。

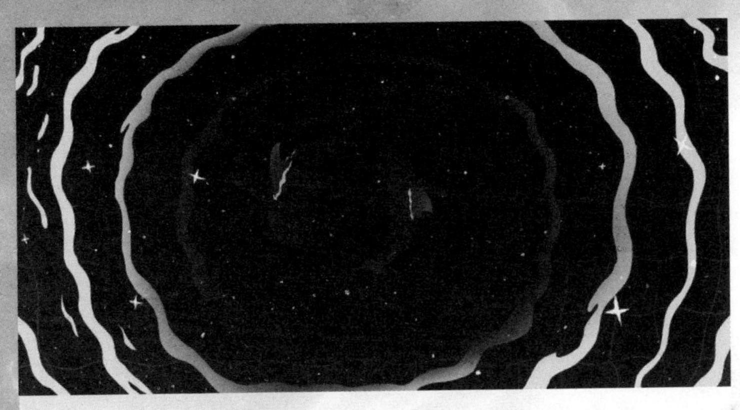

八.

引力波探测的基本思路

除爱因斯坦的去世及对狭义相对论问世50周年和广义相对论问世 40 周年的研讨外, 物理学家们对广义相对论的重新关注还有另外两个重要原因: 一个是理论上的, 另一个是经费上的. 前者是因为融合了狭义相对论与量子力学的量子电动力学在 20 世纪 40 年代的成功, 使一些物理学家以为很快要轮到广义相对论了, 因而萌生了 "抢滩" 的兴趣; 后者则是由于以原子弹为代表的物理学在第二次世界大战中的重大应用吸引了美国军方的持续兴趣, 考虑到像核物理那样新兴而高深的物理分支都能产生像原子弹那样的重大应用, 美国军方一度对物理学的军事应用采取了 "宁信其有, 不信其无" 的态度, 其中成天跟引力相抗衡的美国空军为广义相对论研究提供了经费.

这两条原因事后看来都未产生靠谱的结果 —— 起码未在预期的时间内、在预期的程度上产生靠谱的结果, 比如像融合狭义相对论与量子力学那样融合广义相对论与量子力学是一个迄今仍未实现的目标; 而广义相对论本身虽在诸如 GPS (全球定位系统) 那样的应用中起到了作用, 甚至因此而对军事有所贡献, 但那种贡献并不具有美国空军所幻想的尺度①.

不过尽管有负预期, 这两条原因综合而言对广义相对论的复苏是不无助益的. 读过美国物理学家费曼 (Richard Feynman) 的自传《别闹了, 费曼先生》(Surely You're Joking, Mr. Feynman!) 的读者也许对一则有趣的故事留有印象: 费曼去北卡罗来纳大学参加一个广义相对论会议, 却不幸迟到了一天 (因此既不会有人接机, 也没有同伴可问), 更糟糕的是, 出租车司机告诉费曼 "北卡罗来纳大学" 在当地有两个校区, 而费曼不知道自己该去哪个. 眼看就要坏

① 要想知道美国空军所幻想的尺度有多大, 一个典型的例子是 "反重力" (anti-gravity). 不过这种纯粹拍脑袋的项目之存在, 倒使得广义相对论专家不至于有浪费空军军费之嫌, 因为他们的参与替空军避免了在 "反重力" 之类项目上浪费更多经费.

莱, 好在费曼是个超级聪明的家伙, 灵机一动告诉司机, 他的目的地跟前一天的某批客人相同, 那批客人的特点是相互间频繁念叨 "G-mu-nu, G-mu-nu". 司机当然不知道 "G-mu-nu" 是度规张量 $g_{\mu\nu}$ 的读音, 但对那批满口怪语的客人显然印象深刻, 于是立刻明白了费曼要去哪里. 这则故事发生在 1957 年, 正是广义相对论复苏期间的小插曲, 而费曼所要参加的会议被称为 "教堂山会议" (Chapel Hill Conference), 地点在北卡罗来纳大学教堂山分校, 是那一时期的重要会议.

在那一时期的广义相对论研究中, 引力波是一个被深入探讨的课题. 惠勒曾经说过, 广义相对论在问世之后的前半个世纪里是理论家的天堂, 实验家的地狱. 这话大体没错, 但引力波可算半个例外 —— 因为在那段时间里它不仅是实验家的地狱, 一定程度上也是理论家的地狱. 这一点从爱因斯坦本人在引力波研究上的不止一次出错, 以及态度的不止一次转变就不难看出. 由于缺乏观测和实验的引导, 曾经困扰过爱因斯坦的引力波存在与否, 以及能否携带能量等问题在爱因斯坦去世之后仍屡屡引发争论, 其炽烈程度就连爱开玩笑的费曼都有些吃不消, 在 "教堂山会议" 期间给美籍物理学家韦斯科夫 (Victor Weisskopf) 写信表示为一整天都在讨论此类问题而吃惊, 在 1962 年于波兰华沙举行的另一次广义相对论会议期间则给妻子写信表示有关引力波的持续争论对他的血压不利!

不过争论虽迟迟无法平息, 主流观点的壮大依然成了趋势, 这主流观点便是: 引力波是存在并且携带能量的, 具体而言则是我们在前面几章中介绍过的那些结果.

但壮大归壮大, 再主流的科学观点也必须接受观测或实验的检验. 对引力波而言, 最直接的检验莫过于对它的存在进行探测,这种努力正是在那一时期被提上了议事日程.

要想对引力波进行探测, 首先要找出探测思路. 这思路其实我们在第五章中就已提到, 那就是利用 "一根长杆、一个圆柱 …… 乃至任何具有广延的物体". 具体地说, 由于引力波的 h_{ij} 是度规偏离闵可夫斯基度规的幅度, 而 "一根长杆、一个圆柱 …… 乃至任何具有广延的物体" 的长度是有赖于度规的, 从而会被 h_{ij} 所扰动 —— 也就是发生长度变化. 对这种长度变化进行探测就是引力波探测的基本思路.

思路有了, 接下来要谈的自然是具体的办法, 不过在这之前, 让我们先对引力波造成的长度变化的幅度 —— 确切地说是幅度的上限 —— 作一个估算, 以便对引力波探测的难度有一个直观了解.

既然要通过长度变化来探测引力波, 那么首先要有一个基准长度 —— 通常就是引力波探测器中的探测臂. 设探测臂的长度为 L, 为简单起见, 我们有时干脆用 L 来标示探测臂, 称为探测臂 L. 设 ΔL 为引力波经过时 L 因 h_{ij} 而发生的长度变化, 则显然 $\Delta L/L \sim h$. 这里我们略去了 h_{ij} 的指标, 因为对估算来说我们只对 h_{ij} 的典型大小感兴趣; 另外当然也略去了 $\frac{1}{2}$ 之类数量级为 1 的数值因子②.

利用 (5.2) 式, $\Delta L/L$ 可被进一步表述为 $\Delta L/L \sim (2G/r)\ddot{Q}$, 其中

② 对于不满足于这种粗略性的读者, 细致的做法是通过 $L = [\int(\eta_{ij} + h_{ij})\mathrm{d}x^i\mathrm{d}x^j]^{\frac{1}{2}}$ 来计算长度, 其结果将与探测器所在处引力波的传播方向、偏振方向、探测臂 L 的取向、h_{ij} 的空间变化等诸多因素有关. 但对估算来说, 重要的是数量级, 那些因素在数量级意义上并不提供有实质价值的新信息, 故而可以忽略. 比如 h_{ij} 的空间变化只会带来很小的修正 —— 因为跟电磁波可以被微观体系所发射, 从而具有极短的波长不同, 有希望被探测的引力波乃是来自天文体系, 其运动频率跟微观体系相比是很低的, 哪怕高速自转的脉冲星也不过是千赫兹 (kHz) 的量级, 相应的引力波波长在数百千米以上, 远大于现有的引力波探测器的尺度, 因此 h_{ij} 的空间变化完全可以忽略. 而引力波的传播方向、偏振方向、探测臂 L 的取向等等所带来的全都是数量级不超过 1 的修正, 在我们这种原本就只针对上限的估算中也是可以忽略的.

基于相同的理由, 我们只对 Q_{ij} 的典型大小感兴趣, 从而略去了指标. 另一方面, 在第六章中我们已估算过 Q_{ij} 的典型大小 —— 即 Q, 结果为 MR^2 (其中 M 是体系的总质量, R 是线度), 而 $\ddot{Q}$ 则可近似为 Mv^2 (其中 v 是体系中物质运动的典型速度). 最后, v 本身我们也在第六章中估算过, 为 $v \sim (GM/R)^{1/2}$. 将这些结果综合起来可得:

$$\Delta L/L \sim h \sim \frac{2G}{r}\ddot{Q} \sim \frac{R}{r}\left(\frac{GM}{Rc^2}\right)^2 \tag{8.1}$$

其中在最后一步中, 我们对物理量作了适当的归并, 且补上了光速, 感兴趣的读者可自行推演一下.

(8.1) 式的物理意义是相当清晰的: 其右端第一个因子, 即 R/r, 意味着引力波造成的长度变化 —— 确切地说是长度的相对变化 —— 反比于探测器与波源的距离; 第二个因子, 即 $(GM/Rc^2)^2$, 则意味着在距离及波源线度给定的情况下, 波源越致密, 所发射的引力波造成的长度变化就越显著 —— 因为 GM/Rc^2 乃是描述波源致密程度的波源施瓦西半径与真实线度之比. 这两条都是物理上可以预期的, 因为离波源越远, 引力波的影响越弱, 其所造成的长度变化自然也就越小; 而在距离及波源线度给定的情况下, 波源越致密, 所涉及的质量就越大, 发射的引力波也越强, 所造成的长度变化自然也就越显著③.

除上面这两个因子外, 更细致的分析还需考虑两类额外因素: 一类是关于波源的, 也就是第六章中提到过的, 需将对称性高的运动排除掉; 另一类是关于探测器的, 也就是第 85 页注 ② 所提到的

③ 这里有必要强调一点, 那就是 (8.1) 式的成立还有赖于一个条件, 即几乎全部质量 M 的运动都对四极矩 —— 尤其是它的变化 —— 有贡献 (否则的话, 诸如 "Q_{ij} 的典型大小为 MR^2", "$\ddot{Q}$ 可近似为 Mv^2" 之类的估算就都不成立了). 由此得到的一个推论是: (8.1) 式不适用于诸如巨型黑洞吞并小天体这种只有小部分质量对四极矩有贡献的情形.

探测臂 L 的取向, 以及探测器所在处引力波的传播方向、偏振方向等带来的细致影响. 这两类额外因素都会使 $\Delta L/L$ 变小, 因此有必要再次强调: (8.1) 式所估算的乃是 $\Delta L/L$ 的上限, 实际的数值 —— 视情形而定 —— 将小于甚至显著小于该上限. $\Delta L/L$ —— 确切说是所能探测的最小的 $\Delta L/L$ —— 是描述引力波探测器探测灵敏度的核心指标.

那么, (8.1) 式给出的 $\Delta L/L$ 的上限的具体数值有多大呢? 我们以本书开篇谈及过的美国激光干涉引力波天文台首次探测到的引力波为例估算一下. 那次探测到的引力波来自一对黑洞的合并, 其中的峰值 —— 也就是引力波造成的最剧烈的长度变化 —— 对应于合并过程的末期, 从而波源的真实线度与施瓦西半径相近, 即 $GM/Rc^2 \sim 1$. 另一方面, 那对黑洞的质量数十倍于太阳质量, 因而波源线度在 100 千米的量级; 与我们的距离约为 13 亿光年, 则约合 100 万亿亿千米, 由此可得 $R/r \sim 10^{-20}$. 将这两部分代入 (8.1) 式便可得到 $\Delta L/L$ 的上限为 $\Delta L/L \sim 10^{-20}$. ④

$\Delta L/L \sim 10^{-20}$ 是一个什么概念呢? 仍以美国激光干涉引力波天文台为例, 它的探测臂长度 L 约为 4 千米, 相应的长度变化 ΔL 在 10^{-17} 米的量级. 作为比较, 原子核的线度为 10^{-15} 米的量级, 因此美国激光干涉引力波天文台探测到的长度变化 —— 或曰扰动 —— 确实如本书开篇所引述的, "比原子核的线度还小得多"⑤. 由此我们也再次初步印证了科学新闻中的描述.

---

④ 作为比较, 美国激光干涉引力波天文台发布在《物理评论快报》(Physical Review Letters) 上的原始论文所给出的 $\Delta L/L$ 为 10^{-21}, 与该上限相容并且相当接近.

⑤ 如果嫌原子核离经验太远, 从而 "比原子核的线度还小得多" 仍不够直观的话, 那么还可采用美国物理学家泰森 (Tony Tyson) 向一位美国众议员 "科普" 时所用的比喻, 那就是: 想象一个能绕地球赤道 1000 亿圈的长度, 引力波使这一长度发生变化的幅度比一根头发丝的直径还小. 这一比喻并非针对美国激光干涉引力波天文台首次探测到的那种引力波, 但数量级是相近的.

针对一个长达数千米的探测臂, 探测一个比原子核线度还小得多的长度变化, 这就是引力波探测所需的精度. 比单纯达到这种精度更加困难的则是: 这种精度所对应的乃是引力波的峰值影响, 而这种峰值是转瞬即逝的. 一边是宇宙中最激烈的运动, 另一边则是无论空间还是时间上都极其精微的扰动, 这可谓是引力波探测这一独特领域中最独特的反差, 也是引力波探测的难度所在.

九.

迈克耳逊干涉仪与共振质量探测器

介绍完难度, 现在可以来谈具体的办法了: 比原子核的线度还小得多的长度变化该怎样探测呢? 主要的办法有两类.

第一类办法是利用干涉仪 (interferometer), 具体地说是利用迈克耳逊干涉仪 (Michelson interferometer). 不难猜到, 名字中有 "干涉" 二字的美国激光干涉引力波天文台属于此类①. 迈克耳逊干涉仪的原型早在狭义相对论问世之前就由美国物理学家迈克耳逊 (Albert Michelson) 所发明, 曾被用来探测地球相对于所谓 "光以太" (luminiferous aether) 的运动速度, 结果却为动摇 "光以太" 这一概念出了力, 被戏称为 "史上最著名的 '失败' 实验". 然而迈克耳逊干涉仪本身却不仅没有失败, 而且大为成功, 成了探测微小长度变化的标准手段.

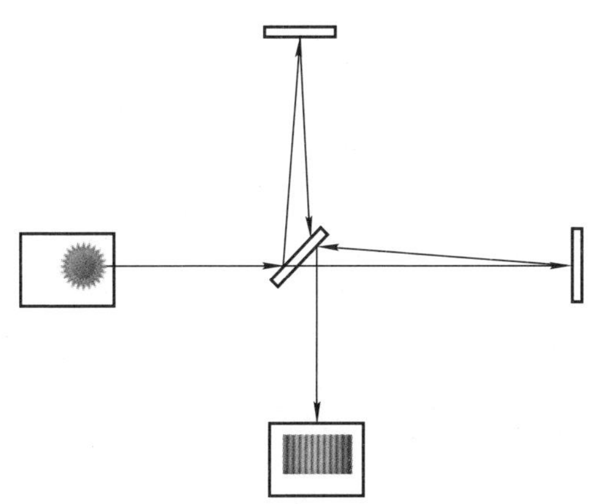

迈克耳逊干涉仪抽象图

迈克耳逊干涉仪的基本原理是将光源发射的光波分成相互垂直的两路, 分别沿两条探测臂运动并经历反射 —— 包括多次反射, 最终, 两路光波重新汇合并形成干涉. 由于干涉的细节取决于两路光波的光程差, 而引力波造成的两条探测臂的长度变化对光程差

① 此类办法原则上还可搬到太空中, 通过一组卫星来实现, 从而可以避免很多在地球上无法排除的干扰. 不过那样的实现方式目前还停留在蓝图阶段.

有贡献[②], 从而会在干涉细节中得到体现 —— 这也正是探测引力波造成的长度变化的办法[③].

由于引力波造成的长度变化极为细微, 即便利用迈克耳逊干涉仪, 探测起来也绝非易事 (否则引力波早就被探测到了). 在最初发明的迈克耳逊干涉仪的原型中, 探测臂的长度只有 1.2 米左右, 光源则是普通光源 (因为激光尚未发明), 不具有足够的相干性, 用那样的配置探测引力波是毫无希望的. 不过在问世之后的一个多世纪的时间里, 迈克耳逊干涉仪的技术在所有环节上都取得了长足进展, 从而大大提升了探测能力. 拿美国激光干涉引力波天文台来说, 光源被顾名思义地换成了激光, 探测臂的长度扩展了三个数量级, 达到了 4 千米左右, 而且光波还会被重复反射 (迈克耳逊干涉仪的原型也有那样的能力, 只是重复反射的次数较少), 相当于进一步显著扩展了探测臂的长度 —— 也相应地放大了长度的变化.

第二类办法是利用共振 (resonance). 如果说迈克耳逊干涉仪是探测微小长度变化的标准手段, 那么共振就是探测微小振动的有效办法. 这两者的区别是: 引力波造成的长度变化假如发生在不相耦合的质点之间, 则本质上是一种长度变化, 可以像上面那样从几

---

② 确切地说, 是两条探测臂的长度变化的差异对光程差有贡献. 差异之所以存在, 则是因为如正文及第 85 页注 ② 所述, 引力波造成的探测臂的长度变化跟探测臂的取向及引力波的传播方向、偏振方向等诸多因素有关, 因而两条相互垂直的探测臂的长度变化一般而言是不同的, 比如一条被拉伸时, 另一条往往被压缩 —— 当然幅度都在 (8.1) 式所给出的上限以内.

③ 这里有一个微妙之处值得一提, 那就是引力波造成的长度变化不仅会影响探测臂, 也会以同样的比例影响光波波长, 因此探测臂的长度变化用光波波长来衡量是不存在的. 但这并不意味着探测臂的长度变化不再影响干涉细节, 因为干涉细节还跟光波沿探测臂来回穿越所需的时间有关. 由于光速在广义相对论中也是不变速度, 因此探测臂的长度变化会使光波沿探测臂来回穿越所需的时间发生变化. 另一方面, 引力波对光波的频率没有影响 (因为度规扰动的时间分量 h_{00} 为零), 因此时间变化会直接导致相位变化, 继而影响干涉细节.

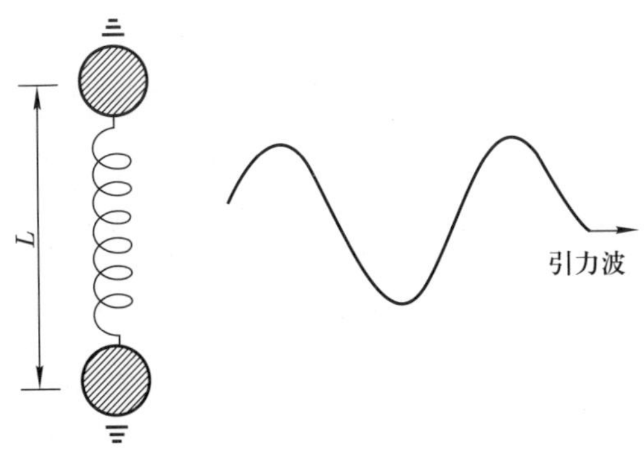

共振质量探测器抽象图

何的角度来看待及检测; 但假如探测臂是一个刚性固体结构的物件, 则引力波造成的长度变化就不能从单纯的几何角度来看待, 而必须将刚性固体结构抗拒形变的能力考虑在内, 那样的问题就由几何问题转变成了动力学问题, 确切地说是转变成了受迫振动问题 —— 那振动当然是微小振动.

以共振为手段的引力波探测器被称为共振质量探测器 (resonant-mass detector). 对于简略的分析来说, 这种探测器的探测臂可被抽象为一对以自由长度为 L 的轻弹簧相连接的质点. 在引力波的作用下, 那对质点之间会因所谓的 "测地偏移" (geodesic deviation) 效应而出现相对运动, 所涉及的相对加速度为 $a_i = -R_{i0j0}L^j$. 这种加速度等效于在单位质量上受到一个形如

$$f_i = -R_{i0j0}L^j \tag{9.1}$$

的 "外力" 作用. 由于这种 "外力" 是由引力波造成的, 因而是周期性的, 其频率就是引力波的频率, 具体形式则可通过将 (5.4) 式代入 (9.1) 式而得到. 这种周期性的 "外力" 与轻弹簧的回复力, 以及对任何现实共振体系都必然存在的阻尼力一同构成了受迫振动问题的要素.

而受迫振动问题的一个众所周知的特点就是，若“外力”的频率恰好与体系的共振频率足够接近，振动幅度会被显著放大，具体的放大程度由所谓的 Q 因子 (Q factor) 也即品质因子 (quality factor) 所描述④. 由于振动幅度可以因共振而放大，因此共振质量探测器可以探测微小振动 —— 原则上甚至包括引力波造成的微小振动. 共振质量探测器的另一个特点是探测器的尺度由所要探测的频率所决定，从而未必得是巨无霸，这使得它的建造门槛比较低.

从历史的角度讲，设备庞大、人员众多、耗资不菲的美国激光干涉引力波天文台走的是所谓“大科学” (Big Science) 的路子，这种路子若选择得当，威力自然是各类实验之冠. 美国激光干涉引力波天文台的成功可以说是这种威力的体现. 相比之下，尺度“迷你”得多的共振质量探测器是寥寥数人在普通实验室里就能开展起来的常规实验模式的延续. 在探测引力波的竞赛中，共振质量探测器虽未能拔得头筹，却也留下了属于自己的历史足印，因为对引力波进行直接探测的最早尝试就是通过这类探测器展开的. 这类尝试中最著名的人物是美国物理学家韦伯 (Joseph Weber)，他是广义相对论复苏期间进入这一领域的“新人”之一. 在引力波探测的最初一段时间里，韦伯称得上是最重要的人物 —— 虽然那重要性有一种昙花一现的戏剧性乃至悲剧性.

④ Q 因子的直接物理意义 —— 或曰定义 —— 是受迫振动所储存的能量与每个周期因阻尼而损耗的能量之比. 显然，Q 因子越大意味着阻尼的作用越小，振动的衰减越慢，共振的振幅越大 —— 从而放大效果越显著. 另一方面，Q 因子也是共振频率与共振峰的宽度之比，因此 Q 因子越大意味着共振峰越尖锐，产生共振的频率范围则越狭窄. 这些特点对共振质量探测器的运作都有重要影响.

十. 韦伯的“大棒”

不知有没有读者注意到, 我们的引力波百年漫谈进行到这里, 出场的人物已不少, 却没有对任何一位的生平作介绍. 这是有缘故的, 那缘故就是: 迄今出场的人物要么是配角 —— 比如罗森、英菲尔德、罗伯逊等; 要么已著名到了无须介绍的程度 —— 比如亚里士多德、伽利略、牛顿和爱因斯坦. 在本章中, 我们将首次迎来一位需要并且值得介绍生平的人物.

此人便是上一章末尾所提到的美国物理学家韦伯.

韦伯之所以值得介绍, 是因为在引力波的研究中, 他是一个阶段性的核心人物, 而且以他为核心的那个阶段是引力波探测的开创阶段, 因而他这位阶段性的核心人物同时也是引力波探测的先驱人物. 韦伯之所以需要介绍, 是因为他的知名度几乎仅限于引力波探测这一特殊领域, 一旦离开该领域, 则别说是对于公众, 哪怕对物理专业的人士来说, 也并不著名, 因而需要介绍.

韦伯 (1919—2000)

好在韦伯的经历有精彩乃至惊险的一面, 介绍起来并不乏味.

韦伯 1919 年出生, 1940 年毕业于美国海军学院 (United States

Naval Academy), 专业不是物理, 而是工程学. 由于就读的是海军学院, 毕业又恰在第二次世界大战期间, 韦伯顺理成章地进入了海军, 在列克星敦号航母 (USS Lexington) 上服役, 一度驻扎在即将遭受日本突袭的珍珠港 (Pearl Harbor).

不过侥幸的是, 在日本突袭珍珠港之前不久, 列克星敦号航母恰好奉命离开珍珠港, 从而躲过了厄运. 可惜好景并不太长, 一年半之后的 1942 年 5 月, 在惨烈的珊瑚海海战 (Battle of the Coral Sea) 中, 列克星敦号航母最终还是在劫难逃, 遭重创后自沉. 但韦伯名列于幸存者之中, 再次躲过了厄运.

大难不死的韦伯继续在海军服役, 先后被派往加勒比和地中海, 参加过西西里岛登陆战 (Invasion of Sicily), 也从事过电子器件方面的学习和研究, 直至 1948 年退役.

退役后的韦伯被马里兰大学聘为电子工程学教授. 在当教授的同时, 他继续深造, 并且凭借微波光谱学领域的研究, 于 1951 年获得了博士学位. 1952 年, 韦伯在一次电子管研究会议上提出了 "微波激射器" (Microwave Amplification by Stimulated Emission of Radiation, 简称 MASER) 的工作原理, 成为提出这一原理的第一人. 这是一项 "诺奖级" 的工作, 比他稍晚提出这一原理的三位物理学家 —— 美国物理学家汤斯 (Charles H. Townes)、苏联物理学家巴索夫 (Nikolay Basov) 和普罗霍罗夫 (Alexander Prokhorov) —— 后来分享了 1964 年的诺贝尔物理学奖. 当然, 那三人的获奖及韦伯的默默无名倒也并非 "天道不公", 因为那三人不仅独立提出了微波激射器的工作原理, 而且制造出了微波激射器, 而韦伯虽早已有教授头衔, 在科研上却还是初出茅庐, 只具有 "纸上谈兵" 的能力 —— 用他自己的话说, "在某种意义上讲我还只是个学生, 不知道世界是如何运作的".

不过, 那项研究展示出韦伯有不俗的实力.

韦伯转向引力波探测是在 20 世纪 50 年代的中后期. 那一时期他在普林斯顿高等研究院等处作过逗留, 受著名广义相对论专家惠勒等人的影响对引力理论产生了兴趣. 1959 年, 韦伯的一篇有关引力波的论文获得了美国企业家巴布森 (Roger Babson) 设立的针对引力研究的悬赏, 获奖金 1000 美元, 进一步巩固了他的兴趣[①].

韦伯转向引力波探测从某种程度上讲是他在海军服役时的工作的延续和拓展, 因为他当时的职责之一是操作雷达及负责导航, 其物理实质就是探测电磁波. 从探测电磁波到探测引力波, 可以说是一种颇为有序的兴趣发展. “如果你能建造电磁天线来接收电磁波, 你或许也能建造引力波天线来接收引力波” —— 韦伯如是说.

在决定 “建造引力波天线来接收引力波” 之前, 韦伯对引力波探测的方案作了相当系统的考虑, 积累了 1000 多页的设计笔记. 他所考虑的方案同时涵盖了我们上一章提到的迈克耳逊干涉仪与共振质量探测器这两种类型. 在后者中, 则包括了将地球本身当成接收天线以及在月球上建探测站之类的宏伟构想. 但限于当时的技术水准及他自己在申请项目等方面的能力, 最终选择实施的是尺度比较 “迷你” 的共振质量探测器 —— 即所谓的 “建造引力波天线来接收引力波”. 韦伯的努力吸引了几位合作者的参与, 他们是: 齐泼埃 (David M. Zipoy)、福沃德 (Robert L. Forward)、伊姆利 (Richard Imlay) 和辛斯基 (Joel A. Sinsky).

我们在上一章中介绍过, 共振质量探测器的基本原理是用共振放大引力波造成的探测臂振动. 但原理虽然简单, 实现起来却不容易, 因为引力波造成的探测臂振动哪怕在放大之后也依然微乎

① 巴布森是一位对物理学怀有热情的企业家, 他持有一些 “民科” 式的观点 (比如认为引力会影响股市), 创立过一个引力研究中心, 他的悬赏课题本身也往往是天马行空的 (比如韦伯获奖的那次的悬赏课题为 “引力 —— 我们的首要能源”), 但奖金数额在当时相当可观.

其微, 依然比原子核的线度还小, 用什么办法才能探测这么小的振动呢? 韦伯想到了压电晶体 (piezoelectric crystal), 这是一种能将压强 —— 包括振动产生的压强 —— 转为极化, 继而产生电信号的晶体. 利用这种晶体, 探测引力波的崭新而艰巨的任务就可转化为探测电信号这种虽依然艰巨, 但很常规的工作.

在韦伯最初的构想中, 整个探测臂都被设想为使用压电晶体. 但那样一来, 共振质量探测器就失去 "迷你" 的优势了 —— 因为对于韦伯打算探测的频率范围来说, 兼有共振器作用的探测臂的尺度需在 "米" 的量级, 质量则在 "吨" 的量级, 这些本身都并不惊人, 但作为压电晶体的块头却绝不 "迷你", 甚至足以成为技术和资金瓶颈. 好在韦伯很快就意识到那是不必要的, 探测臂本身完全可以用金属材料来制作, 压电晶体只需点缀性地 "压" 在探测臂上就可起到探测振动的作用.

这样, 韦伯就形成了建造共振质量探测器的具体构想, 其中探测臂的主体是一根金属 "大棒". 在试验了若干种金属, 综合了成本与性能等因素之后, 由福沃德提议将材料选为了铝合金, 形状是圆柱, 长度 1.53 米, 直径 0.66 米, 质量约为 1.4 吨②.

为什么采用这种大小的 "大棒"? 韦伯等人没有给出完整理由, 但为什么将长度选为 1.53 米则有两种说法: 一种是辛斯基提供的, 称那是齐泼埃的选择, 理由是那样的长度能使共振频率 $\nu = 1660$ 赫兹③; 而共振频率之所以要选为 1660 赫兹, 则是因为相应的圆频

② 韦伯总共建造了六个共振质量探测器, 尺寸不尽相同, 这里介绍的是后来产生结果的两个相距约 1000 千米的主探测器的尺寸.

③ 这一理由就算不是无厘头也是不完全的, 因为共振频率并非仅仅取决于长度, 因而这种说法只在直径已然选定的情形下才有意义, 但辛斯基并未提供有关直径选择的任何说法.

韦伯的“大棒”

率 $\omega = 2\pi\nu = 10000$ 弧度每秒, 便于计算[④]. 另一种说法则是福沃德提供的, 称那是他的选择, 因为他知道自己时常需要搬动那根“大棒”, 故而将长度选为了自己双手张开后恰好能碰到两端 —— 换句话说, 那长度乃是福沃德双手张开的长度[⑤]. 这两种说法 —— 如我

---

④ 严格讲, 1660 赫兹的频率所对应的圆频率并非 10000 弧度每秒, 而是 10430 弧度每秒.

⑤ 福沃德的这一理由有点奇葩, 因为重达 1.4 吨的东西就算要搬也不可能是双手抱着两端搬, 从而“大棒”的长度跟福沃德双手张开的长度之间根本无须具有“相等”关系. 另一方面, 成年人双手张开的长度跟身高几乎相等, 福沃德若不是体型异常的话, 双手张开的长度不太可能是 1.53 米. 顺便提一下, 这位提出奇葩理由的福沃德后来成了科幻作家 —— 也许并非偶然.

们在脚注中说明的 —— 都有些无厘头, 并且都很儿戏, 甚至有可能纯属杜撰. 不过当时物理学家们对有希望探测到的引力波具有什么样的频率确实还没有明确概念, 因此儿戏的理由 —— 倘若并非杜撰的话 —— 也不失为是理由. 有意思的是, 1660 赫兹这一频率被选定后不久, 中子星的发现以及对黑洞现实可能性的逐渐认可, 倒是在一定程度上支持了这一选择, 因为与那些致密天体有关的物理过程被认为很有可能发射出频率在 "千赫兹" 量级的引力波⑥.

为了探测 "大棒" 的振动, 韦伯等人在 "大棒" 的 "腰" 部绑上了一些压电晶体, 并且利用放大电路对压电晶体产生的电流进行了放大 —— 这是探测小电流的传统手段. 换句话说, 韦伯的共振质量探测器在共振产生的机械放大之外还添加了电路产生的电子放大, 因而具有双重放大的能力. 这一套以 "大棒" 为核心的装置如今被称为 "韦伯棒" (Weber bar). 用 "韦伯棒" 探测引力波颇有几分古代战争中用共鸣器倾听敌方动静的意味, 只不过 "韦伯棒" 所要倾听的不是敌方的动静而是时空的乐章.

"韦伯棒" 所具有的双重放大能力使它具备了相当高的灵敏度. 这种灵敏度是否足以探测引力波尚待检验, 但一个棘手的副作用倒是确凿无疑的, 那便是在普通实验中可以忽略的种种干扰和噪声全都有可能被探测到, 从而必须逐一消除, 以免干扰引力波探测. 这其中包括空气扰动、热噪声、放大电路的反作用, 等等. 为了解决这些副作用, 韦伯等人采用了多种措施: 比如将 "韦伯棒" 置于真空容器内以消除空气扰动; 比如通过对相距两千米左右的两个 "韦伯棒" 的信号进行比较以甄别热噪声和放大电路的反作用 (因为相距

---

⑥ 当然, 现实的引力波通常不是单一频率的, 而是有一个频谱分布, 原则上只要频谱中存在频率为 1660 赫兹的分量就可被韦伯的 "大棒" 所探测. 只不过那样的分量若太小的话, 将会使原本就很困难的探测变得更加困难, 比较有利的情形则是频谱以 1660 赫兹附近为峰 —— 这正是当时被认为很有可能的.

两千米左右的两个“韦伯棒”的热噪声和放大电路的反作用不太可能同步, 因而可用信号的同步与否来甄别热噪声和放大电路的反作用). 此外, “韦伯棒”所具有的极高的放大振幅的能力 —— 也就是极高的 Q 因子 (据韦伯等人的宣称高达 10^6) —— 如我们在第 94 页注 ④ 中所述, 意味着产生共振的频率范围极其狭窄, 这对频谱很宽的热噪声也是一种相当有效的抑制.

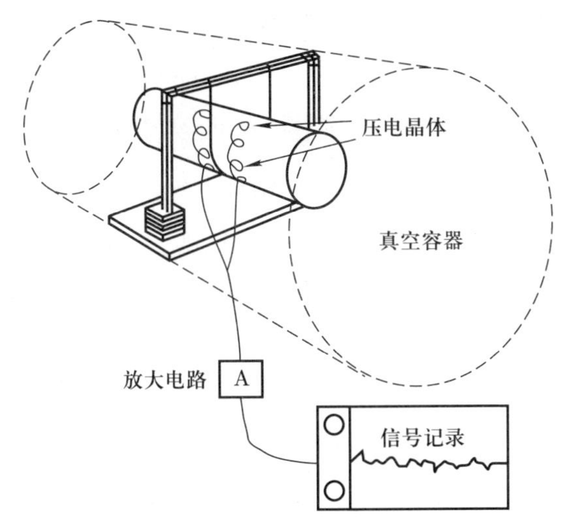

“韦伯棒”的结构示意图

这些意在消除干扰和噪声的措施从原理上讲都是简单的, 要做到真正精密却都不容易, 前后花费了韦伯等人好几年的时间⑦. 而且这些措施本身也是有副作用的, 因为措施的精密必然会使“韦伯棒”的维护变得困难, 比如任何需要触及“韦伯棒”的维护都必须首先打开真空容器, 维护之后则要关闭容器并重新抽真空. 而“韦伯棒”所具有的极高的 Q 因子又使得任何振动都衰减得极慢 (参阅

⑦ 当然, 所谓“消除”并不是绝对意义上的消除, 而只需消除到不至于掩盖引力波效应的程度即可. 另外值得一提的是, 受经费和技术所限, 韦伯等人的“韦伯棒”是在室温下工作的, 韦伯之后的某些同类实验则将“韦伯棒”置于了超低温环境下, 以抑制热噪声等, 那样的“韦伯棒”被称为第二代“韦伯棒”或“低温棒” (cryogenic bar).

第 94 页注 ④), 从而一旦受到干扰, 就需等待很长的时间, 才能让干扰衰减到足够小的程度, 以便能重新接收有效信号.

而干扰几乎是源源不断的, 除韦伯等人重点处理且宣称得到解决的空气扰动、热噪声、放大电路的反作用等等来自仪器本身或实验室之内的干扰外, 还有来自外部的各种震动, 比如附近车辆的行驶、学生们的游行 (20 世纪 60 年代是美国学生运动较为频繁的年代, 韦伯所在的马里兰大学也无法独善其身), 以及地震等等都会对 "韦伯棒" 造成干扰. 更糟糕的是, 那样的干扰 —— 尤其是地震 —— 往往具有较大的影响范围, 从而会对韦伯等人用来甄别热噪声和放大电路反作用的那两个相距两千米左右的 "韦伯棒" 造成大致相同的干扰. 为了减少那样的干扰, 韦伯等人采用了将真空容器内的 "大棒" 悬挂起来之类的减震措施. 而终极的措施则是在距马里兰大学 1000 千米以外的阿贡国家实验室 (Argonne National Laboratory) 也建了一个 "韦伯棒", 与马里兰大学的 "韦伯棒" 构成一对远距离相互比较的 "韦伯棒". 在那对 "韦伯棒" 之间, 韦伯等人通过电话线和微波接力等手段建立了信号联络, 并且规定: 倘若信号联络显示出两个 "韦伯棒" 的信号时间差不大于 0.44 秒, 就被视为是时间上同步的信号⑧. 那样远距离的两个 "韦伯棒" 倘若出现时间上同步的信号, 则包括地震在内的种种干扰的可能性就都不大了 (除非是足够大的地震, 但那样的地震是很容易用其他办法甄别的).

---

⑧ 以 "信号时间差不大于 0.44 秒" 来界定时间上同步的信号是相当粗糙的 (在不同的实验中, 韦伯等人用过稍稍不同的界定, 但都在零点几秒的量级), 因为引力波扫过两个相距 1000 千米的 "韦伯棒" 的时间差至多只有几毫秒, 引力波的波峰与波谷之间的时间差 —— 对频率在 "千赫兹" 量级的引力波来说 —— 也只有几毫秒. 但可惜 "韦伯棒" 的时间分辨率本身比较粗糙 (因为 "韦伯棒" 振动起来后要滞后一段时间才能达到可察觉的振幅, 这段时间的长短取决于初始状态等因素, 无法精确推算), 只能将时间上的同步界定到零点几秒的量级.

以上就是对“韦伯棒”所涉及的若干主要技术手段的介绍. 凝聚了韦伯等人长达数年的努力, 汇集了上述全部技术手段构建而成的“韦伯棒”究竟能探测到多小的长度变化, 或者说它的空间探测精度究竟是多少呢? 韦伯等人给出了自我评估, 结论是 10^{-16} 米, 也就是比原子核的线度小一个数量级.

这个空间探测精度是通过所谓“校准实验”(calibration experiment) 得来的. 在这种实验中, 韦伯等人让两个相距很近的“韦伯棒”中的一个剧烈地振动起来, 使它对另一个“韦伯棒”的引力 (注意是引力而不是引力波, 后者还要小得多) 因距离的微小变动而改变, 另一个“韦伯棒”的“任务”则是像探测引力波造成的振动一样探测这种引力变化使它发生的振动, 并从中推断出自己的空间探测精度.

韦伯等人的这种“校准实验”如今看来是一种不必要的自讨苦吃, 因为“韦伯棒”终极任务虽是探测引力波, 校准实验却完全没必要通过引力来做. 校准实验的唯一目的是通过对幅度已知振动的探测, 来推断“韦伯棒”的空间探测精度, 达到这一目的最方便的办法其实是电磁手段, 这也是后来的同类实验所采用的办法. 韦伯等人的这种在引力上“一条道走到黑”的办法带来了巨大而不必要的额外困难, 因为为了克服引力太过微弱的问题, 韦伯等人必须让作为引力源的“韦伯棒”以极剧烈的方式整体振动起来, 其程度之恐怖足以使“韦伯棒”本身因振动而发热, 绑在“腰”部的压电晶体则会被震至脱落. 不仅如此, 相距很近而又振动得如此剧烈的“韦伯棒”必然会对另一个“韦伯棒”产生引力以外的很多其他影响, 比如通过声波, 通过其所造成的支架和地面的振动产生影响, 这些影响跟所要探测的引力的细微变化相比都是不容忽视的, 从而会对结果产生极大的干扰. 但韦伯等人宣称他们有效地排除了那些其他影响, 并成功地确定出了 “韦伯棒” 的空间探测精度为 10^{-16} 米.

韦伯等人的校准实验于 1966 年开始出成果, 对该实验出力极大的辛斯基和韦伯接连发表了数篇论文. 校准实验出结果对辛斯基可谓是一场 “及时雨”, 这位追随韦伯多年的年轻人因实验进展的缓慢而迟迟无法毕业, 绝望到连 “求神拜佛” 的歪招都用上了, 此时则不仅凭借校准实验拿到了拖延已久的博士学位, 而且情绪转为了超级乐观, 他预期自己的博士论文即将成为热门资料供不应求, 干脆自行印刷了 60 本以备销售. 他同时还撰写了一本详述 “韦伯棒” 制作流程的《引力波探测器设计者手册》(Gravity Wave Detector Designer's Handbook), 并预期那也会成为热门著作.

然而细心的读者也许注意到了, 我们在介绍韦伯等人的结果时反复使用了 “宣称” 一词, 这虽算不上贬义词, 却也不是太有 “正能量” 的, 其所针对的往往是并且只是单方面持有的观点. 在韦伯的实验中, 这很不幸乃是事实 —— 并且是自始至终的事实. 对于 “韦伯棒” 的诸般性能 —— 尤其是探测引力波的能力和精度, 对于 “校准实验” 的可靠性, 物理学界都是从一开始就存有疑虑的.

但疑虑归疑虑, 韦伯的实验在当时几乎是唯一认真付诸行动的引力波探测, 就凭这一点, 就足以确立其在圈内引人注目的地位, 并且也得到了一些起码是口头上的支持. 比如 1963 年, 美国物理学家戴森 (Freeman Dyson) 就曾表示对韦伯的探测值得给予持续的关注. 据说, 在整个 20 世纪 60 年代, 广义相对论会议上的一句常用的问候就是: 韦伯探测到引力波了吗?

韦伯探测到引力波了吗? 我们将在下一章介绍.

General Relativity and Gravitational Waves

J. WEBER

十一.

风动，幡动，还是心动？

韦伯对引力波的探测基本上是与 "校准实验" 同步展开的, 从 1967 年到 1970 年, 他在著名期刊《物理评论快报》(Physical Review Letters) 上接连发表五篇论文, 宣布了探测结果①.

韦伯的第一篇论文发表于 1967 年 3 月 27 日, 标题为 "引力辐射" (Gravitational Radiation). 这篇论文发布了 10 组疑似引力波造成的信号, 每组都标明了信号出现的时间, 跨度从 1965 年 9 月 21 日到 1967 年 2 月 17 日. 10 组信号中, 较早的 7 组是由单个 "韦伯棒" 探测到, 较晚的 3 组则是由相距三千米左右的两个 "韦伯棒" 共同探测到的时间上同步的信号 —— 以下简称同步信号②. 很明显, 在这 10 组信号中, 由单个 "韦伯棒" 探测到的 7 组其实没什么价值, 因为没法甄别干扰; 值得关注的只有由两个 "韦伯棒" 共同探测到的那 3 组同步信号③.

在发表这篇论文时, 韦伯的态度还相当谨慎, 他表示, 那几组信号若真是引力波造成的, 则强度似乎太大, 大到了应当伴随有其他天体物理效应 —— 比如超新星爆发 —— 的程度. 由于并未有人观测到与他的信号相伴随的其他天体物理效应, 那些信号 "源自引力辐射显得很不可能". 假如源自引力辐射 "显得很不可能", 那信号会来自何方呢? 韦伯猜测是地震. 1967 年 11 月, 在给同事的一封信中, 韦伯坦率地表示, "韦伯棒" 的抗干扰能力虽然不错, 却远非完善, 他并且将信号源自引力波的概率估计为 1/50. 这个估计虽无

① 细心的读者也许注意到了, 上一章中频繁使用的 "韦伯等人" 如今变成了 "韦伯", 这不是疏忽, 而是因为发布观测结果的五篇论文全都是韦伯一人署名的. 对于这一点, 有物理学家私下替韦伯的合作者鸣过不平, 但那些合作者本人并未公开表示过不满 —— 也许跟那些论文后来被判定为错误不无关系.

② 这两个 "韦伯棒" 中的第二个乃是 "校准实验" 中作为引力源的那个 "韦伯棒" 改成的 (说明此时 "校准实验" 已经完成).

③ 但由于相距只有三千米左右, 甄别干扰的能力有限, 比如像地震那样具有较大影响范围的干扰依然能对两者造成大致相同的影响, 从而依然难以甄别.

实质的定量依据, 却显示出谨慎的态度.

不过, 这种谨慎的态度在后续论文中越来越少, 直至消失.

韦伯的第二篇论文发表于一年多之后的 1968 年 6 月 3 日, 标题为 "引力波探测器事件" (Gravitational-Wave-Detector Events). 这篇论文发布了为期两个月的时间跨度内探测到的 4 组新信号, 全都是由两个相距两千米的 "韦伯棒" 探测到的同步信号④. 在这篇论文中, 韦伯对同步信号纯属碰巧的概率作了估计. 这种估计从道理上讲是很有必要的, 因为哪怕在两组完全随机的信号中, 也会纯属碰巧地出现一些同步信号 —— 尤其是在 "同步" 本身界定得比较粗糙的情形下⑤. 韦伯以同步信号每隔多少时间才会纯属碰巧地出现一次作为衡量其概率的指标. 针对那 4 组信号, 他给出的结果分别为 150 天、300 天、40 年和 8000 年.

假如韦伯的估计无误, 那么很明显, 每隔 40 年和 8000 年才能纯属碰巧地出现一次的信号 —— 尤其后者 —— 是相当稀罕的, 稀罕到了不太可能 "纯属碰巧" 的程度. 因此虽然探测精度并无实质改进, 韦伯的信心却因为这种估计而显著增加了, 在论文的结论部分表示: "极低的随机巧合概率使我们能排除纯粹的统计起源", "起码稀罕的信号有可能是引力辐射所激发的". 这个口气虽依然带有谨慎色彩 (因为谈的只是 "有可能"), 但比起将信号源自引力波的概率估计为 1/50 来, 明显是加强了.

又隔了一年多, 1969 年 6 月 16 日, 韦伯发表了第三篇论文, 标题为 "引力辐射的发现证据" (Evidence for Discovery of Gravitational Radiation). 这篇论文单从标题上看, 口气就比前两篇加强了许多,

④ 韦伯没有明确说明他那些相距不远的 "韦伯棒" 之间的距离为何一会儿是 "三千米", 一会儿又是 "两千米", 不过考虑到他总共建造了六个 "韦伯棒", 不排除是在不同的探测中用到了不同的 "韦伯棒" 组合.

⑤ 我们在第 104 页注 ⑧ 中提到过, 韦伯对同步信号的界定确实是比较粗糙的.

因为前两篇的标题 —— "引力辐射" 和 "引力波探测器事件" —— 都未对结果定性, 而 "引力辐射的发现证据" 这一新标题却首次将探测结果定性为了 "引力辐射的发现".

从技术层面讲, 虽然 "韦伯棒" 还是原先的水准, 但这篇论文所涉及的两个 "韦伯棒" 之间的距离由两三千米扩大到了 1000 千米, 从而起码从道理上讲, 对较大范围的干扰也具有了甄别能力. 与第二篇论文相类似, 韦伯对这篇论文所涉及的同步信号纯属碰巧的概率也作了估计, 结果从数百天到 7000 万年不等, 这其中 7000 万年才能碰巧一次的信号简直就只能来自引力波了. 因此韦伯用不再含糊的口气作出了结论: "这是很好的证据, 证明引力波已被发现了." (This is good evidence that gravitational radiation has been discovered.)

1970 年, 韦伯再接再厉, 又发表了第四和第五篇论文. 其中在第四篇论文中, 韦伯改变了发布结果的方法, 不再提供信号出现的时间. 读者们也许还记得, 在第一篇论文中, 韦伯曾因为 "并未有人观测到与他的信号相伴随的其他天体物理效应", 而得出了那些信号 "源自引力辐射显得很不可能" 的结论. 如今, 随着信心的屡次增加, 他不仅不再谈论 "源自引力辐射显得很不可能" 那样的丧气话, 甚至不再提供信号出现的时间了, 这在一定程度上意味着他已不再关注 "与他的信号相伴随的其他天体物理效应", 或者说不再寄望于用 "其他天体物理效应" 来印证自己的信号了⑥.

那么, 韦伯发布结果的新方法是什么呢? 那就是只提供给定时段内纯属碰巧的信号数目与实际信号数目的比较. 在这两个数目

⑥ 因为所谓 "与他的信号相伴随", 首先就是在时间上相伴随, 因而信号出现的时间一旦抹去, 则除非特意向韦伯索要数据, 就没人能用 "其他天体物理效应" 来印证韦伯的信号了. 当然, 指出这一点倒也并不是说发射强引力波的物理过程一定能用容易观测的其他天体物理效应来印证 (比如我们后文将会介绍的黑洞双星合并就很难用其他天体物理效应来印证).

中, 前者可通过概率手段估计出, 后者则是实际探测到的同步信号数目. 这两个数目倘若相近, 则说明探测到的同步信号大都是纯属碰巧. 不过韦伯发布的数据显示, 后者比前者大一个数量级左右, 因而并非纯属碰巧.

韦伯发布结果的这种新方法是很笼统的, 但也并非毫无目的的笼统, 因为这种新方法便于表述一类新的探测结果. 在那类探测中, 韦伯将其中一个 "韦伯棒" 的记录时间延后了两秒. 这类新观测的意义在于: 对于纯属碰巧的信号来说, 因为本就是随机的, 延后与否都纯属碰巧, 从而信号数目不会有显著变化; 但引力波造成的信号乃是必然同步的, 延后两秒就会不复存在, 从而信号数目会显著减少. 因此, 延后两秒是否会导致实际探测到的同步信号数目显著减少可视为判断信号来源的辅助手段, 若显著减少, 则说明信号是引力波造成的.

那么探测的结果如何呢? 韦伯在论文中宣布, 通过对为期 20 天的延后两秒的数据进行分析, 他发现信号数目显著减少了, 于是可以得出结论: 这类观测 "支持了早先得出的引力辐射已被观测到的宣称" (support the earlier claim that gravitational radiation is being observed).

以上四篇论文无论在口气还是实验手法上都显示出一种层层递进的雄辩性, 这种雄辩性吸引了很多人的关注. 就连研究领域相当理论化的霍金也一度被韦伯所吸引, 不仅于 1970 年撰文讨论了引力波的探测, 并且将韦伯探测到引力波视为了已确立的事实. 在引力波探测的后续征程中将起到重要作用的美国物理学家索恩 (Kip S. Thorne) 则在 1972 年发表的综述中表示: "我们认为韦伯的引力波实验证据相当有说服力." 而一些原先认为引力波太过微弱, 引力波探测太过渺茫的实验组则转变了看法, 开始认真跟进. 那些实验组的跟进可视为韦伯的影响力快速扩展的标志.

然而不无戏剧性乃至悲剧性的是, 韦伯影响力的扩展虽快速, 陨落的速度却也毫不逊色, 因为他的第五篇论文 —— 也是 1970 年发表的第二篇论文 —— 就成了自己 "滑铁卢" 的一部分.

这 "滑铁卢" 其实早在 1969 年就开始了. 1969 年 7 月, 在以色列举办的一次学术会议上, 韦伯作了个报告, 在报告中他出示了一批数据, 显示被他认定为来自引力波的信号呈现出 24 小时的周期性. 韦伯表示, 这种周期性意味着引力波来自天空中的一个固定方向. 相对于 "韦伯棒" 来说, 每当地球的自转使那个固定方向接近天顶时, 信号就会变强, 由于地球每 24 小时自转一圈, 因此信号呈现出 24 小时的周期性. 至于那个固定方向究竟指向何方, 韦伯的猜测是指向银河系的中心 —— 这是银河系范围之内引力场最强, 从而最有可能频繁产生引力波的区域. 韦伯的这一报告首次涉及了引力波的波源方位, 可算是将引力波探测推向了一个新的层面.

可惜这项研究犯了一个巨大的错误.

几乎立刻就有物理学家指出, 对引力波来说地球是完全透明的⑦, 因此假如引力波来自一个固定方向, 则这个方向在天顶附近跟在地球背面的天顶附近, 对 "韦伯棒" 的影响应该是完全相同的. 这意味着来自引力波的信号应呈现出 12 小时而非 24 小时的周期性.

这一错误让韦伯陷入了巨大的尴尬.

之所以尴尬, 不仅因为这一错误对引力波的研究者来说是非常低级的错误, 更是因为韦伯居然能拿出数据来支持这样的低级

⑦ 别看引力如此强大, 在自然界已知的四种基本相互作用中, 它其实是最弱的一种, 远比冠着 "弱" 字的弱相互作用还弱得多. 只参与弱相互作用的中微子尚且可以轻松地穿透地球, 只参与引力相互作用的引力波穿透地球就更不是问题, 因而地球对引力波来说是完全透明的.

错误, 这几乎无可避免地使人怀疑韦伯是通过选择性地摆弄数据而炮制出自己预期的结果的. 一些物理学家后来表示, 他们对韦伯的怀疑正是始于这一错误.

这一错误被指出之后, 韦伯在上面提到的发表于 1970 年的第五篇论文, 以及发表于 1971 年的上述会议发言的书面文稿中都作了订正. 订正的方式是宣称自己粗心了, 数据所支持的其实是 12 小时的周期. 也许真的只是粗心, 但怀疑既已萌生, 就不是这种宣称所能扑灭的了. 这种宣称反倒更显得韦伯的数据是任人打扮的小姑娘, 一些物理学家从此怀疑韦伯有能力炮制出自己所需的任何结果.

对韦伯的另一类怀疑来自他宣称探测到的引力波的强度. 据韦伯自己估计, 假如他所探测到的引力波来自银河系的中心, 则要想产生他所探测到的信号, 银河系的中心每年因引力波造成的质量损失将高达 1000 个太阳质量. 另一方面, 英国物理学家里斯 (Martin Rees) 在 1972 年的一项研究中提出, 银河系中心只要每年损失超过 70 个太阳质量, 因引力束缚的减少而导致的银河系的膨胀将会被观测到. 由于我们并未观测到银河系的膨胀, 这表明来自银河系中心的引力波没有韦伯估计的那么强, 从而也就不可能如此频繁地被韦伯探测到. 不仅如此, 倘若银河系中心每年因引力波造成的质量损失果真高达 1000 个太阳质量, 则别说是银河系的中心, 就连整个银河系都撑不了几亿年就会耗尽质量, 这跟银河系已有近百亿年高龄的事实是完全冲突的.

当然, 这类怀疑倒并非没有回应的余地, 因为对银河系中心每年因引力波造成的质量损失的估计并非毫无争议. 这种估计有赖于几个基本假设, 具体地说是假设了银河系中心所发射的引力波是各向同性的, 是持续的, 并且具有较宽的频谱. 这些假设每一条都不是必然的, 比如美国物理学家米斯纳 (Charles Misner) 就认为, 银河系中心所发射的引力波完全有可能具有显著的方向性而非各向同性, 若如此, 则对质量损失的估计可显著调低; 英国物理学家夏马 (Dennis Sciama) 则进一步认为, 银河系中心所发射的引力波完全有可能是断断续续而非持续的, 这同样能显著调低对质量损失的估计. 最后, 银河系中心所发射的引力波的频谱倘若很窄而非较宽, 则对质量损失的估计还可进一步调低.

不过, 上述回应虽能消除或减弱银河系中心质量损失太快带来的困难, 却都有不小的 "副作用", 要求有高度的凑巧性, 要求韦伯处于超级的幸运中. 比如银河系中心所发射的引力波若具有显著的方向性而非各向同性, 则 "韦伯棒" 必须幸运地处在引力波较强的方向上; 银河系中心所发射的引力波若是断断续续而非持续的, 则 "韦伯棒" 必须幸运地恰好是在有引力波的时段倾听着时空的乐章; 引力波的频谱若是很窄而非较宽的, 则那个很窄的频谱必须恰好包含 "韦伯棒" 的共振频率. 这类诉诸偶然性的解释因带有撇不清的诡辩色彩, 除非有充足证据, 否则是不受欢迎的.

而对韦伯最系统的打击, 则是来自那些一度可视为韦伯影响力快速扩展的标志的实验组. 因为有韦伯的开路在先, 那些 "站在韦伯肩上" 的实验组以极快的速度建起了多个 "韦伯棒", 而且在精度上不仅毫不逊色, 甚至犹有过之. 仅仅一两年之间, 那些实验组就陆续出了初步结果, 然而却全都是 "零结果" (null result), 没有一个能印证韦伯的 "发现".

1972 年, 在美国得克萨斯州举办的一次相对论天体物理会议上, 多个实验组报告了自己的 "零结果". 虽然由于探测时间较短, 那些 "零结果" 尚不能一锤定音, 但足以加深物理学家们对韦伯的怀疑, 并且足以显示出像韦伯那样频繁地观测到引力波信号是极不可能的.

在接下来的几年里, 那些实验组继续沿着韦伯开辟的道路前进, 积累着数据, 却始终未能发现任何能让韦伯高兴的结果 —— 也就是未能发现任何经得起复核的信号. 在那些实验组所用的 "韦伯棒" 中, 有的连共振频率都跟韦伯的相同, 从而使韦伯甚至无法以引力波只在他所探测的频率上才存在这种小概率假设为借口来辩解.

随着 "零结果" 的持续积累, 韦伯遭到了越来越猛烈而系统的批评. 那些批评所针对的已不仅仅是无法重复韦伯的观测, 而且还切实指向了韦伯所犯的具体错误, 比如韦伯用来确定同步信号的计算机程序被发现存在错误, 比如韦伯对数据的处理被发现存在不自洽的地方, 有些批评者甚至毫不客气地将矛头指向了韦伯的诚信, 指责他对数据的处理不诚实. 焦头烂额的韦伯对其中最严重的 "不诚实" 指控作出了否认, 然而糟糕的是, 否认过程中牵扯出的信息反倒证实了他确实对数据采用过不自洽的处理, 目的是找出尽可能多的同步信号.

而最惨不忍睹的则是, 韦伯曾报告过一批他的数据跟另一个实验组的数据之间的同步信号, 这原本可作为强有力的证据, 显示韦伯的数据具有能与其他实验组相互比对的客观性, 结果却被发现双方所用的时钟根本不在同一时区 —— 韦伯用的是美国东部时间, 另一个实验组却是用的格林尼治时间. 彼此相差好几个小时的数据被韦伯当成同一时区的数据进行比较, 居然还搞出了一大批同步信号! 这个形同丑闻的错误对韦伯的信誉造成了毁灭性打击, 同时也说明了他处理数据的方法哪怕是诚实的, 也不过是诚实的错误, 具备无中生有的能力.

韦伯昙花一现的声望就此坠下深渊.

若干篇论文, 若干次会议, 若干个报告, 细节越来越多, 口气越

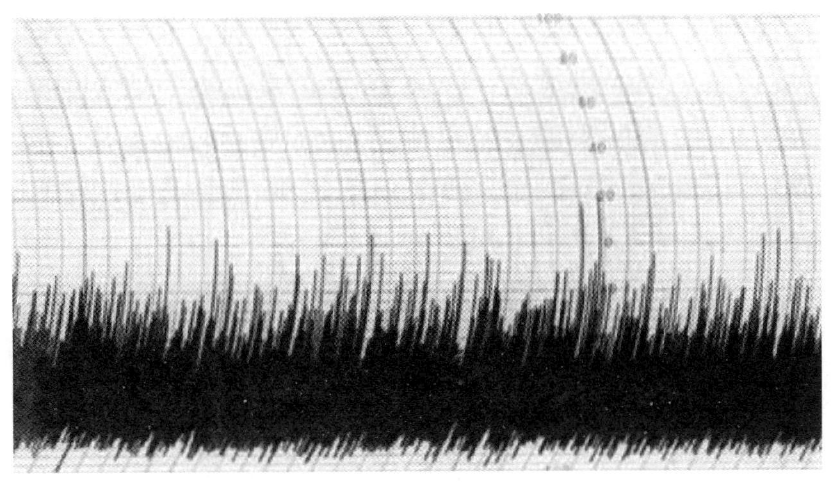

“韦伯棒” 信号记录片断

来越肯定, 却如沙滩垒塔般在越垒越高之后, 最终垮塌下来. 在一个半开玩笑的意味上, 我们或许可将《六祖坛经》中那则风动, 幡动, 还是心动的小故事套到韦伯探测引力波的故事上来 —— 当然寓意不尽相同: “风动” 是引力波的作用, “幡动” 是 “韦伯棒” 的振动, “心动” 则是韦伯对探测引力波的巨大心理期望. 风动, 幡动, 还是心动? 对韦伯的探测来说, 可基本确定为 “心动”. 从 “韦伯棒” 所记录的信号图线看, 也确实像是纯粹的噪声, 只有 “心动” 的人才能从中看到 “风动” 导致的 “幡动”.

由于韦伯的声望坠下深渊, 我们在上一章中提到过的辛斯基所 “囤积” 的 60 本博士论文也陷入了 “滞销” (积压了 55 本), 精心准备的《引力波探测器设计者手册》则乏人问津 (那些跟进的实验组看来并不需要 “手把手” 的指点), 就连他千辛万苦才完成的 “校准实验” 的结果 —— 即 “韦伯棒” 的空间探测精度为 10^{-16} 米 —— 也遭到了怀疑, 被怀疑是显著的高估, 实际的精度也许只有 10^{-13} 米.

虽然遭到学术界的否定, 韦伯本人却痴心不改, 终其一生都坚信自己探测到了引力波. 在韦伯的办公室里, 到处堆着书架和文件柜, 只有一条窄窄的过道通往办公桌, 办公桌上方的墙上则贴着一幅爱因斯坦的相片. 韦伯直到退休之后, 依然不时地前往实验室查看结果. 对于其他实验组无法重复他的观测, 韦伯先是将之归因于那些实验组的技术有问题, 后来又以 "阴谋论" 的手法将之归咎为美国激光干涉引力波天文台想要垄断引力波探测, 从而不允许 "韦伯棒" 出结果. 这种近乎偏执的态度是不太光彩的, 也是韦伯故事里最具悲剧性的色彩. 一些同事认为, 假如韦伯不是如此顽固地坚信自己, 他在这一领域所能得到的敬意将远远超过他实际得到的, 他的顽固和偏执使他不必要地被边缘化了.

在强大的反证据面前, 早年支持过韦伯的物理学家大都转变了看法, 只有美国物理学家戴森在一定程度上维持了原先的立场. 直到 1999 年, 戴森还重申了对韦伯的支持 —— 虽然支持的层面变得有些抽象了. 戴森表示, 人们始终不相信有可能存在如韦伯所宣称的那么多引力波的波源, 可射电天文学的发展史上曾有过一个类似的先例, 那就是人们一度不相信能找到射电源, 因为有人通过计算发现太阳在射电波段的辐射强度只有光学波段辐射强度的一万亿亿分之一 (10^{-20}), 那么小比例的辐射出现在遥远的其他恒星上是不可能被探测到的. 但后来人们发现了大量的射电源, 完全推翻了原先的看法. 戴森说他心中始终存着这个例子, 因此觉得宇宙中完全有可能存在各种各样没人梦想得到的源.

我读戴森晚年的文字, 不止一次地感觉到他有一种滥用可能性的 "和稀泥" 风格 —— 比如他曾表示过科学和宗教都在探索真理, 因为两者都有规范和多样性; 他还对进化论与神创论各打五十大板, 主张两者要彼此尊重. 具体到韦伯探测引力波的事情上, 当然谁也不敢说宇宙中不可能有 "各种各样没人梦想得到的源"——

包括引力波的波源, 但戴森说这话的时候 —— 即 1999 年 —— 已有大量技术比韦伯的先进得多的 "韦伯棒" 进行了几十年的探测, 却不曾发现任何经得起复核的信号[⑧]. 莫非那些源是只有韦伯本人的 "韦伯棒" 才能探测到的? 那倒真是 "没人梦想得到" 了.

不过在结束本章的时候, 有几点是应该替韦伯美言一下的: 第一, 他虽终其一生都坚信自己探测到了引力波, 甚至坚信到偏执的程度, 但他公开允许同行们到他的实验室来检查数据和设备, 在这点上他是谨守学术规范的. 第二, 他的顽固并未使他失去幽默感. 韦伯的第一任妻子 1971 年去世之后, 他与第二任妻子、美国天文学家特林布尔 (Virginia L. Trimble) 结婚. 数十年后, 在与人谈起此事时他微笑着表示: 刚结婚时他比妻子有名, 现在两人对换了. 第三, 韦伯虽然失败了, 甚至在某些方面失败得不太光彩 —— 起码不太潇洒, 但他作为引力波探测的先驱人物将被科学史所铭记. 事实上, 他的 "韦伯棒" 如今已被包括美国激光干涉引力波天文台在内的若干机构所收藏.

---

⑧ 以 "韦伯棒" 为手段的引力波探测哪怕在韦伯的信誉破产之后依然进行了很久, 其中包括技术水准远超昔日的所谓第二代 "韦伯棒" (即 "低温棒", 参阅第 103 页注 ⑦), 却依然没有探测到任何经得起复核的信号.

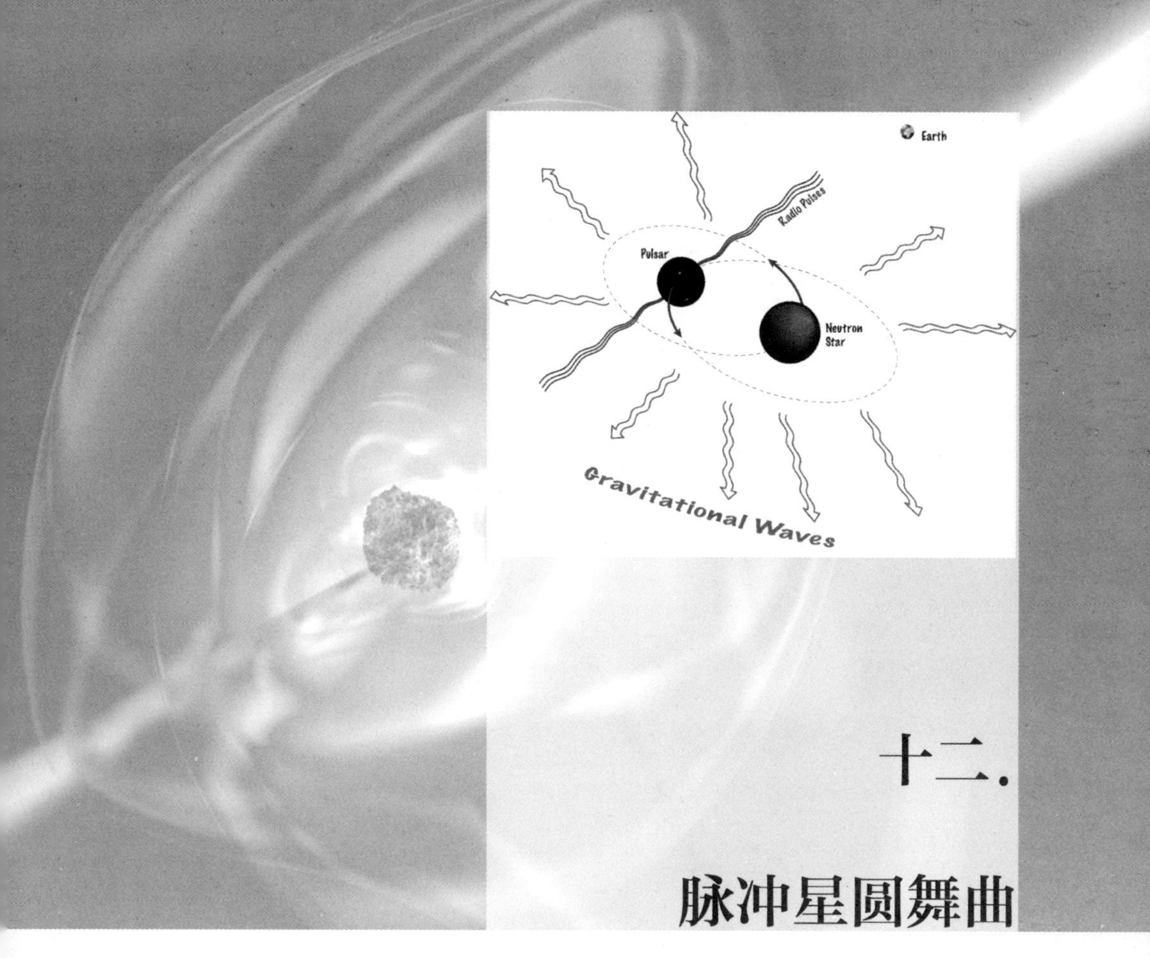
Earth
Radio Pulses
Pulsar
Neutron
Star
Gravitational Waves

十二. 脉冲星圆舞曲

韦伯在声望鹊起后的快速陨落, 使引力波探测在燃起短暂的希望后重新陷入渺茫. 然而大致就在这时, 一项天文发现从一个完全不同的角度为引力波探测注入了新的生机.

阿雷西博天文台

事情发生在 1974 年.

那年夏天, 美国马萨诸塞大学安姆斯特分校 (University of Massachusetts Amherst) 的研究生赫尔斯 (Russell A. Hulse) 受导师泰勒 (Joseph H. Taylor Jr.) 教授的 "指派", 在阿雷西博天文台 (Arecibo Observatory) 从事一项系统的脉冲星搜索, 作为博士论文的基础.

搜索天体是比较枯燥的, 且每天的流程高度重复, 不过跟依赖肉眼的早期搜索相比, 赫尔斯的搜索已在很大程度上采用了计算机辅助, 从而减轻了繁重性.

在赫尔斯的搜索展开之时, 人们已发现了约 100 颗脉冲星, 因而脉冲星已算不上稀罕天体, 甚至可以不夸张地说, 只要技术足够先进, 发现新的脉冲星乃是意料中的事. 由于阿雷西博天文台拥有当时世界上最大的、直径 1000 英尺 (约合 305 米) 的射电天文望远镜①, 技术的先进毋庸置疑, 因此赫尔斯的工作虽然枯燥, 成功却是有保障的.

果然, 搜索展开后不久的 1974 年 7 月 2 日, 意料之中的发现就落到了赫尔斯头上.

赫尔斯发现了一颗信号很微弱的脉冲星, 只比探测阈值高出 4% 左右 —— 换句话说, 信号只要再弱 4% 以上, 这颗脉冲星就会被赫尔斯的计算机探测程序所排除. 从这个意义上讲, 这颗脉冲星的发现有一定的幸运性.

由于脉冲星已算不上稀罕天体, 信号微弱的脉冲星照说即便被发现, 也容易遭到轻视. 不过这颗脉冲星有一个指标引起了赫尔斯的重视, 那就是它的脉冲周期 —— 也就是它作为中子星的自转周期 —— 特别短, 仅为 0.059 秒左右, 在当时已知的所有脉冲星中可排第二, 仅次于大名鼎鼎的蟹状星云脉冲星 (Crab pulsar)②. 这种个别指标上的 "冒尖" 抵消了信号微弱的劣势, 使这颗脉冲星变得吸引眼球, 于是赫尔斯对它进行了再次观测.

再次观测的时间为 8 月 25 日, 目的是对脉冲周期作更精确的测定.

---

① 阿雷西博天文台的这台射电望远镜 —— 也称为阿雷西博射电望远镜 (Arecibo Radio Telescope) —— 直到 2016 年 6 月为止都是世界上最大的单一口径射电天文望远镜. 这一称号于 2016 年 7 月让位给了新竣工的口径 500 米的 "中国天眼". 阿雷西博射电望远镜如今已濒临退役, 不过它对天文学的贡献无疑会被铭记, 除本章将要介绍的成果外, 最早得到确认的太阳系以外的行星也是通过阿雷西博射电望远镜发现的 (确认时间为 1992 年).

② 蟹状星云脉冲星的脉冲周期约为 0.033 秒.

测定的结果却有些出人意料: 在短短两小时的观测时间内, 脉冲周期居然减小了 28 微秒. 脉冲星脉冲周期的变化本身并非稀罕之事, 比如尘埃阻尼就可使脉冲星因损失转动能量而致脉冲周期发生变化. 但那样的变化往往是极细微的, 短短两小时内改变 28 微秒可谓闻所未闻[③]. 更离奇的是, 尘埃阻尼一类的因素只会造成转动能量的损失, 从而只会导致转速变慢 —— 也即脉冲周期增大, 赫尔斯观测到的却是脉冲周期的减小.

为了搞清状况, 在接下来的一段时间里, 赫尔斯对这一脉冲星作了更频繁的观测. 观测的结果进一步证实了脉冲周期确实在以一种对脉冲星来说快得有些离奇的方式变化着, 且变化的快慢并不恒定 —— 比如在 9 月 1 日和 9 月 2 日的两小时观测时间内, 脉冲周期的减小幅度就不是 28 微秒, 而是 5 微秒.

这到底是怎么回事? 赫尔斯考虑了若干可能性, 比如某几次观测出错, 或计算机程序有误, 但都逐一得到了排除. 最后, 一个简单而有效的假设浮出水面, 完美地解释了观测效应, 那便是: 赫尔斯所发现的脉冲星在绕一个看不见的伴星 —— 确切地说是绕它与伴星的质心 —— 作轨道运动, 脉冲周期的变化是轨道运动产生的多普勒效应.

这一假设若成立, 即脉冲周期的变化果真是轨道运动产生的多普勒效应, 那么一个直接推论就是: 依据轨道运动沿地球方向的投影速度之不同, 脉冲周期应该既可以减小 (对应于投影速度为正) 也可以增大 (对应于投影速度为负). 赫尔斯针对这一推论作了更多观测, 结果不仅观测到了脉冲周期的减小和增大, 也观测到了其在

③ 作为比较, 蟹状星云脉冲星的脉冲周期在同样时段内的变化在纳秒 (10^{-9} 秒) 量级.

两者之间的转变, 为这一假设提供了近乎完美的证据链④. 不仅如此, 从脉冲周期的变化规律中, 赫尔斯还推断出了脉冲星的轨道运动周期约为 7.75 小时.

7.75 小时是非常短的周期, 这意味着脉冲星离那个看不见的伴星相当近, 轨道线度相当小, 运动速度则相当快. 由于天体世界里的轨道都是由引力支配的, 而脉冲星块头虽小, 以质量而论却是像太阳那样的庞然之物, 能让如此庞然之物沿相当小的轨道高速运动, 则那个看不见的伴星也必然有极可观的质量. 这种绕伴星 "翩翩起舞" 的脉冲星属首次发现, 这使得其地位由仅仅吸引眼球变为了非同小可.

这非同小可的发现在泰勒和赫尔斯的搜索计划里其实是有所期待的.

泰勒和赫尔斯的搜索, 其主要目的固然是发现更多脉冲星, 从中窥视它们的更多性质, 但在这堂正目标之外, 对意外惊喜也是有所期待的. 在事先拟定的搜索计划中, 泰勒和赫尔斯特别提到的一类意外惊喜就是 "发现哪怕一例双星系统中的脉冲星" (find even one example of a pulsar in a binary system).

为什么 "发现哪怕一例双星系统中的脉冲星" 也算得上惊喜呢? 因为在天体世界里, 双星系统与单星有一个巨大区别, 那就是提供了观测天体在相互引力作用下作轨道运动的机会, 通过那样的机会能测算出天体的许多性质, 其中包括质量. 别看当时已发现的脉冲星多达 100 颗左右, 能测算出质量的却一颗也没有 —— 因为孤零零漂泊在遥远天际里的脉冲星是没机会显示质量, 从而也

④ 阿雷西博射电望远镜是一个固连在地貌上的巨大结构, 不能像普通天文望远镜那样转动, 因此每天只有在固定的时段, 当所要观测的脉冲星进入望远镜的观测范围时, 才能进行观测 (前文数度提到的 "两小时观测时间" 便是由此而来). 也正因为如此, 赫尔斯要通过很多天的观测, 才能涵盖脉冲星轨道运动的不同区间, 进而汇集成 "证据链".

没法测算质量的⑤.

赫尔斯 (左) 和泰勒 (右)

惊喜既已迎来, 消息就不能一个人扛着了. 9 月 18 日, 赫尔斯通过信件及内部短波通信 (那时长途电话还很罕见) 通知了远在马萨诸塞大学安姆斯特分校的导师泰勒. 在重大发现面前, 科学家的行动速度不亚于侦探, 接到消息的泰勒当即乘飞机赶赴阿雷西博天文台, 展开了对这一双星系统的研究.

这一双星系统如今已被称为 "赫尔斯–泰勒双星" (Hulse–Taylor binary), 其中的脉冲星则被命名为 PSR B1913+16⑥. 赫尔斯–泰勒双

⑤ 其实别说是孤零零漂泊在遥远天际里的脉冲星, 就连 "近在咫尺" 的冥王星, 也是在其卫星被发现之后才能对其质量进行较高精度的测算 —— 可参阅拙作《那颗星星不在星图上: 寻找太阳系的疆界》(清华大学出版社 2013 年 12 月出版) 的第 27 章. 不过测算赫尔斯所发现的脉冲星的质量有一个比测算冥王星质量更困难的地方, 那就是冥王星的卫星被发现后是可以直接观测的, 赫尔斯所发现的脉冲星却不然 —— 其伴星是看不见的. 这一困难 —— 如后文所述 —— 需要用广义相对论来克服.

⑥ 在 "PSR B1913+16" 这一命名中, "PSR" 指脉冲星 (Pulsar 或 Pulsating Source of Radio 的缩写), "1913" 指赤经为 19 时 13 分, "+16" 指赤纬为 +16 度, "B" 表示赤经赤纬归算为历元 1950 年的数值. 该脉冲星的另一种命名为 "PSR J1915+1606", 其中 "J" 表示赤经赤纬归算为历元 2000 年的数值, "+1606" 则指赤纬为 +16 度 06 分.

星中的那颗看不见的伴星被认为也是中子星, 并且有可能也是脉冲星 —— 只不过由于脉冲不扫过地球方向, 因而无法观测. 赫尔斯–泰勒双星与我们的距离约为 21000 光年.

赫尔斯–泰勒双星的发现引起了天文学家和物理学家的极大兴趣. 在 1975 年初的短短两星期内, 知名刊物《天体物理学期刊快报》(The Astrophysical Journal Letters) 一连发表了 7 篇有关这一双星的论文. 截至 1977 年, 论文数目更是超过了 40 篇. 这在科学日益"产业化", 许多科学计算有现成软件包可用的今天并不稀奇, 在当时却算得上相当热门且相当快速了. 那些论文对赫尔斯–泰勒双星所涉及的物理效应几乎进行了"地毯式"的研究.

经过那样的研究, 赫尔斯–泰勒双星的基本信息被摸清了 —— 而且是以相当高的精度被摸清了. 不仅如此, 这种摸清信息的过程还有着相当的新颖性, 值得略作介绍.

首先说说质量. 对双星系统来说, 推算质量的基本线索是轨道运动. 具体地讲, 对质量为 m_1 和 m_2 的两个天体来说, 其轨道半长径 a 和轨道周期 T 满足开普勒第三定律 (Kepler's third law):

$$T^2/a^3 = \frac{4\pi^2}{G(m_1 + m_2)} \tag{12.1}$$

利用这一定律, 只要知道轨道半长径和轨道周期, 就能推算出双星的总质量 $m_1 + m_2$. 但不幸的是, 对赫尔斯–泰勒双星来说, 伴星压根儿就看不见, 轨道半长径自然也就未知了.

有什么办法能补上这一缺失信息呢? 答案是广义相对论.

熟悉物理学史的读者想必知道, 广义相对论提出之初有所谓的"三大经典验证", 其中之一是解释了水星近日点的反常进动. 这种反常进动在双星系统中也存在, 被称为"近星点进动" (periastron precession). 不仅如此, 双星系统的近星点进动其实比水星的近日点进动更简单, 因为后者混杂了来自其他行星的引力摄动, 真正广义相对论独有的效应 —— 即所谓 "反常进动" —— 只占很小比例. 而对双星系统来说, 其他天体的影响可以忽略, 从而所有进动都是 "反常进动", 都是广义相对论独有的效应. 按照广义相对论, 双星系统的天体每公转一圈的近星点进动幅度为:

$$\delta\varphi = \frac{6\pi G(m_1 + m_2)}{c^2 a(1 - e^2)} \tag{12.2}$$

其中 e 是双星系统的轨道偏心率. 只要对 (12.1) 式与 (12.2) 式联立求解, 双星的总质量与轨道半长径这两个未知参数便可被 "一锅端" —— 同时得到推算⑦.

当然, 这种推算的背后不仅涉及对近星点进动的观测, 还牵扯进了双星系统的轨道偏心率 e 这一额外参数. 不过对赫尔斯–泰勒双星来说, 这些皆可通过对脉冲周期的细致分析而得到 —— 因为如前所述, 脉冲周期的变化乃是轨道运动产生的多普勒效应, 从而间接显示了轨道运动速度. 另一方面, 轨道运动速度与双星间距直接相关, 近星点则对应于轨道运动速度的最大值. 利用这些关系, 近星点进动及轨道偏心率便皆可通过对脉冲周期的细致分析而得到⑧, 具体的数值是: 近星点进动约为每年 4.2 度 (相当于水星近日点反常进动速率的 35000 倍左右); 轨道偏心率约为 0.617. 将之代入 (12.1) 式与 (12.2) 式, 便可推算出赫尔斯–泰勒双星的总质量约为太阳质量的 2.83 倍, 轨道半长径约为 195 万千米.

这里有必要指出的是, 对 (12.1) 式与 (12.2) 式联立求解在数学上是极其普通的, 在物理上却是一种开辟新局面的新颖做法, 因为

⑦ 感兴趣的读者请思考这样一个问题: (12.2) 式是广义相对论效应, (12.1) 式却属于牛顿万有引力定律的地盘, 为什么采用这两者而不是两个广义相对论公式的联立? 对这一问题的思考有助于理解本章乃至其他文献中所有类似的推算.

⑧ 当然, 这里还有另一个微妙的困难, 那就是脉冲星轨道平面相对于观测视线的倾角以及脉冲星轨道长轴在轨道平面内的取向也是未知的, 这一困难也可通过细致分析得到解决, 这里就不展开了.

这是首次用广义相对论推算物理量的数值. 在以往, 科学家们早已习惯用牛顿万有引力定律推算诸如行星质量那样的物理量的数值, 比牛顿万有引力定律更“高级”的广义相对论却反而始终只处在一个被检验的位置上. 只有这一次, 由于牛顿万有引力定律“黔驴技穷”, 广义相对论才终于有机会做了一次漂亮的“逆袭”, 成了推算物理量数值的工具.

科学家的胃口是“贪婪”的, 这种“逆袭”有一次就有两次.

这种“逆袭”之所以可能, 在一定程度上得益于脉冲星 PSR B1913+16 的脉冲周期的高度稳定. 在扣除了诸如轨道运动产生的多普勒效应之类可以确切计算的物理效应之后, 脉冲星 PSR B1913+16 的脉冲周期每 100 万年仅变化 5‰左右, 堪称是当时已知最精确的时钟之一. 这种脉冲周期的高度稳定意味着赫尔斯–泰勒双星所处的环境高度“洁净”, 尘埃阻尼一类的未知效应微乎其微. 这种脉冲周期的高度稳定为进一步探索提供了难得的机会⑨.

进一步探索的重点当然是相对论效应. 赫尔斯–泰勒双星的轨道半长径仅为日地距离的 1.3% 左右, 甚至跟太阳的直径 (139 万千米) 相比也大不了多少. 两个总质量比太阳质量大数倍的天体, 沿着几乎能塞进太阳肚子里的紧密轨道运动, 简直是一个探索相对论效应的“梦工厂”.

在这个“梦工厂”里, 各种相对论效应都比太阳系里的显著得多, 比如近星点的进动 —— 如前所述 —— 跟水星近日点的反常进动相比, 快了约 35000 倍.

除近星点进动外, 另一类重要并且同样“老资格”的相对论效应是时钟延缓效应. 这类效应分两个部分: 一部分是轨道运动产生的运动时钟延缓效应; 另一部分是伴星引力造成的引力场时钟延

⑨ 这是因为脉冲周期是脉冲星唯一可被直接观测的物理量, 从而是进一步探索的基础, 脉冲周期若是不稳定, 很多细微的物理效应就会被不稳定所掩盖.

缓效应. 时钟延缓效应会对观测到的脉冲周期造成影响, 这种影响比多普勒效应小得多, 因而对观测精度的要求更高, 同时也有赖于脉冲周期本身的高度稳定. 由于轨道参数已知, 对时钟延缓效应起决定作用的脉冲星 PSR B1913+16 的轨道运动速度及它与伴星的距离便也已知, 时钟延缓效应于是可以计算出来.

时钟延缓效应的重要性在于: 这种效应不像 (12.1) 式与 (12.2) 式那样只包含双星的总质量 $m_1 + m_2$. 事实上, 时钟延缓效应对 m_1 和 m_2 是不对称的 (这可从伴星引力造成的引力场时钟延缓效应取决于伴星质量 m_2 而非脉冲星 PSR B1913+16 的质量 m_1 这一不对称特点中得到预期). 由于双星的总质量 $m_1 + m_2$ 已被推算, 因此辅以时钟延缓效应对 m_1 和 m_2 的不对称, 便可推算出两者各自的数值. 具体的结果是: 脉冲星 PSR B1913+16 的质量 m_1 约为太阳质量的 1.44 倍; 伴星质量 m_2 约为太阳质量的 1.39 倍.

这种推算使广义相对论再次成了推算物理量数值的工具, 是又一次漂亮的 "逆袭".

以上就是赫尔斯–泰勒双星的基本信息及推算途径. 不过以上所列乃是早期数值, 只具有两三位有效数字, 为了让读者对赫尔斯–泰勒双星的 "洁净" 程度及测算的精密程度有一个更确切的了解, 这里罗列一下有关参数更新从而也更精确的数值 (括弧内为各参数的单位):

轨道周期 T (小时)	7.751938773864
轨道偏心率 e	0.6171334
轨道半长径 a (千米)	1950100
近星点进动 (度/年)	4.226598
脉冲周期 (秒)	0.05902999792988
双星总质量 $m_1 + m_2$ (太阳质量)	2.828378
脉冲星 PSR B1913+16 质量 m_1 (太阳质量)	1.4398
伴星质量 m_2 (太阳质量)	1.3886

以上数值的误差都在最后一两位数字上. 这些数值所达到的那种精度以往大都是在相对纯粹的微观世界里才出现的 —— 比如电子的反常磁矩. 天文学因观测对象的超级遥远和超级庞大, 通常不以精度见长, 像以上数值那样超高精度的结果实属罕有, 这也正是赫尔斯–泰勒双星的研究价值所在⑩.

不过, 在一个探索相对论效应的 "梦工厂" 里, 广义相对论不能只搞 "逆袭", 也得老老实实接受一些新的检验. 从检验的角度讲, 以上数值就先天不足了, 因为其中的双星质量是用广义相对论推算出来的, 从而精度再高也不能反过来验证广义相对论, 否则就成循环论证了. 那么, 这个探索相对论效应的 "梦工厂" 能否对广义相对论进行新的检验呢? 答案是肯定的, 手段之一正是引力波.

赫尔斯–泰勒双星包含了两个比太阳还 "重" 的天体, 并且沿着几乎能塞进太阳肚子里的紧密轨道运动, 这些因素都是非常有利于发射引力波的. 这种引力波的辐射功率有多大呢? 我们来做一个象征性的推导.

在第六章中, 我们已得到过一个做圆周运动的质点的引力波辐射功率, 即 (6.5) 式. 为了将该式套用到双星系统中, 我们首先用圆周运动的轨道运动速度 $v = r\omega$ 将 (6.5) 式中的 $r^4\omega^6$ 改写为 v^6/r^2; 然后用引力作用下的关系式 $v^2 = GM/r$ (M 为圆心处的质量) 将之进一步改写为 G^3M^3/r^5; 最后将这一形式代入 (6.5) 式, 并引进二体问题惯用的变量替换, 即 M 为总质量 $m_1 + m_2$, m 为折合质量 $\mu = m_1m_2/(m_1 + m_2)$, 可得:

$$\frac{\mathrm{d}E}{\mathrm{d}t} = -\frac{32G^4m_1^2m_2^2(m_1 + m_2)}{5c^5r^5} \tag{12.3}$$

⑩ 这里需要补充的是, 在这种超高精度下, 某些随时间而变的数据 —— 比如轨道周期、脉冲周期等 —— 需指定基准时间, 以上数据的基准时间大都在 2001—2003 年之间, 具体就不一一标注了.

对赫尔斯–泰勒双星来说, (12.3) 式还缺一个重要因素, 那就是椭圆轨道与圆轨道的差异. 这个差异可通过一个乘积因子来表示, 该乘积因子是轨道偏心率 e 的函数, 记为 $f(e)$, 具体形式为⑪:

$$f(e) = (1 - e^2)^{-7/2} \left[1 + \left(\frac{73}{24}\right) e^2 + \left(\frac{37}{96}\right) e^4\right] \tag{12.4}$$

将这一乘积因子添入 (12.3) 式, 并将圆周半径 r 替换成轨道半长径 a (这也是二体问题惯用的变量替换), 可得:

$$\frac{\mathrm{d}E}{\mathrm{d}t} = -\frac{32G^4 m_1^2 m_2^2 (m_1 + m_2) f(e)}{5c^5 a^5} \tag{12.5}$$

(12.5) 式便是双星系统的引力波辐射功率 —— 当然, 推导只是象征性的.

将赫尔斯–泰勒双星的参数代入 (12.5) 式, 可得引力波辐射功率的数值约为 7 亿亿亿瓦 (7×10^{24} 瓦). 这跟我们在第六章中计算过的木星绕太阳公转的引力波辐射功率 —— 5.3 千瓦 —— 相比显然不可同日而语. 事实上, 这一功率约相当于太阳光度的 2%, 或相当于一颗绝对星等约为 9 的暗淡恒星的光度, 从而可勉强跻身天文数字.

不过虽功率勉强跻身天文数字, 考虑到赫尔斯–泰勒双星远在 21000 光年以外, 直接探测其所发射的引力波仍远远超出了目前的技术能力 —— 更遑论当年. 这一方面是因为辐射功率相当于太阳光度 2% 左右的天体从 21000 光年之外看起来是极其暗淡的 (视星等仅为 26 左右 —— 星等越大越暗淡), 更重要的是, 这里所涉及的并非是像太阳光度那样的电磁辐射, 而是引力辐射. 我们在第 113 页注 ⑦ 中提到过, 在自然界已知的四种相互作用中, 引力是最弱的一种, 比电磁相互作用弱数十个量级. 因此同样功率的辐射, 引力

⑪ 确切地说, 此处给出的是乘积因子对轨道周期的平均.

辐射远比电磁辐射更难探测. 我们前面各章所介绍的探测引力波的种种困难在很大程度上也正是反映了这一特点.

但赫尔斯–泰勒双星的价值却也正是在这样的困难中才更鲜明地体现了出来, 因为如前所述, 对这个双星系统可进行超高精度的测算. 在那样的有利条件下, 我们可通过对赫尔斯–泰勒双星进行细致监测, 来检验引力波的效应. 具体地说, 由于引力波会带走能量, 因而双星轨道会逐渐蜕化, 使双星逐渐靠近. 而双星靠得越近, 轨道周期就越短. 因此通过对赫尔斯–泰勒双星的轨道周期进行细致监测, 原则上就可对引力波造成的轨道蜕化效应进行检验. 这种检验假如成功, 虽不等同于直接观测, 也依然能构成对引力波极为有力的支持.

既然要通过对赫尔斯–泰勒双星的轨道周期进行细致监测, 来检验引力波造成的轨道蜕化效应, 那我们就得计算一下赫尔斯–泰勒双星的轨道周期会如何变化. 这个计算相当简单, 因为由牛顿万有引力定律可知双星系统的总能量 E 为:

$$E = -\frac{Gm_1m_2}{2a} \tag{12.6}$$

轨道周期 T 则为 —— 这其实是 (12.1) 式的改写:

$$T = \frac{2\pi a^{3/2}}{[G(m_1+m_2)]^{1/2}} \tag{12.7}$$

由这两式可将轨道周期 T 表述为总能量 E 的函数, 对时间求导则可得到轨道周期的变化率 $\mathrm{d}T/\mathrm{d}t$ 与能量变化率 $\mathrm{d}E/\mathrm{d}t$ 的关系. 由于 $\mathrm{d}E/\mathrm{d}t$ 已由 (12.5) 式给出, $\mathrm{d}T/\mathrm{d}t$ 便也不难得到, 具体结果为⑫:

$$\frac{\mathrm{d}T}{\mathrm{d}t} = -\frac{192\pi\left(\frac{T}{2\pi G}\right)^{-5/3} m_1m_2(m_1+m_2)^{-1/3}f(e)}{5c^5} \tag{12.8}$$

⑫ 对这种混合了牛顿万有引力定律与广义相对论效应的推导感到疑虑的读者请再次思考第 129 页注 ⑦.

将赫尔斯–泰勒双星的参数代入 (12.8) 式, 可得数值结果为 (感兴趣的读者不妨自行演算一下)⑬:

$$\frac{\mathrm{d}T}{\mathrm{d}t} \approx -2.40 \times 10^{-12} \tag{12.9}$$

这是非常缓慢的变化, 相当于轨道周期每年减小几十微秒. 由于这种减小, 双星每次到达近星点的时间与没有引力波的情形相比会缓慢提前, 这个提前量虽然细微, 却会逐渐累积, 从而可通过长时间的跟踪观测来验证.

1978 年 12 月, 距离赫尔斯–泰勒双星的发现相隔了四年多的时间, 在德国慕尼黑举办的一次相对论天体物理会议上, 泰勒作了历时 15 分钟的演讲, 报告了对赫尔斯–泰勒双星轨道周期所做的跟踪观测, 观测的结果表明, 轨道周期的变化在 20% 的精度内与广义相对论的预言 —— 也就是引力波造成的轨道蜕化效应 —— 相吻合. 美国广义相对论专家威尔 (Clifford M. Will) 盛赞了这一结果, 并将之与 1919 年发布的爱丁顿的日全食观测结果相提并论. 这虽是显著的夸张, 但在广义相对论研究长期低迷的时代, 这一结果确实堪称亮点, 而且它所涉及的是引力波这样一种此前只存在于 "理论家的天堂" 里, 却从未得到过观测检验的概念, 从而具有一种承前启后的意义.

不过, 泰勒的结果虽是亮点, 区区 20% 的精度却绝非观测和检验的终点. 科学不是一种故步自封的体系, 自泰勒的结果发布以来, 天文学家们继续改进着观测, 积累着数据, 以越来越高的精度对广义相对论的这一重要预言进行着检验. 下页图是截至 2008 年的观

⑬ 由于表格中的数据是以 2001—2003 年为基准的, 因而这里给出的数值也是以该时段为基准的. 由 (12.8) 式给出的完整结果中不难看出, $\mathrm{d}T/\mathrm{d}t$ 的绝对值会随轨道周期 T 的减小而增大 (因 $\mathrm{d}T/\mathrm{d}t$ 反比于 T 的 5/3 次方), 这意味着轨道周期 T 是加速减小的, 从后文将要提供的观测图线中也可看到这一趋势.

测结果 (小黑点) 与理论预言 (曲线) 的漂亮对比 (横轴是时间, 纵轴是双星到达近星点时间的累积提前量, 上方的水平线是没有引力波的情形). 这种对比在千分之一的精度上验证了广义相对论, 从而对引力波的存在提供了虽然间接却极为有力的支持.

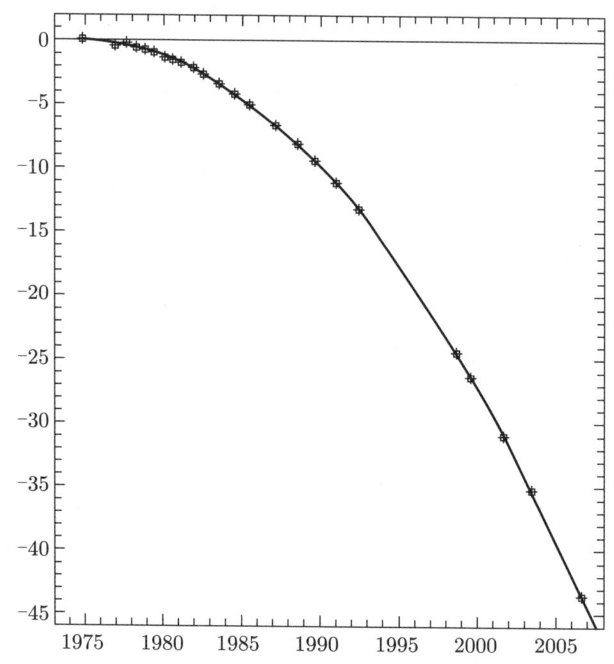

引力波造成的脉冲星 PSR B1913+16 的近星点时间变化

科学家们试图倾听时空的乐章而暂不可得, 却意外地在脉冲星的圆舞曲里得到了补偿, 这在我们的引力波百年漫谈中是一个 "东方不亮西方亮" 的难忘插曲. 脉冲星的圆舞曲虽 "听" 不到, 却 "看" 得见, 它精确遵照着广义相对论的指挥, 基本扑灭了对引力波的残存怀疑.

而且跟前面提到的 "逆袭" 成果不同, 对引力波造成的轨道蜕化效应的检验不折不扣地构成了对广义相对论的检验, 因为在这种检验里, 诸如双星质量那样的参数在计算之前就已作为 "逆袭"

成果得到了确定, 不再是自由参数, 也不再有回旋余地, 而计算的结果 —— 即对引力波造成的轨道蜕化效应的预言 —— 却是能直接观测的. 换句话说, 广义相对论对引力波造成的轨道蜕化效应的预言是不再有回旋余地的预言, 其所经受的是直面观测的严苛检验. 而比这更严苛的则是: 自赫尔斯–泰勒双星之后, 天文学家们陆续发现了更多双星系统里的脉冲星, 它们每一个都在观测所及的精度上检验着广义相对论, 而广义相对论通过了所有这些检验.

这也是检验现代物理理论的共有模式. 现代物理理论都带有一定数目的自由参数 —— 比如粒子物理标准模型带有约 20 个自由参数, 从而都有一定的拟合观测的能力. 但一个高明的物理理论之所以高明, 就在于它能经受的独立检验及它能做出的独立预言的类型和数量远远超过了自由参数的数目, 这两者的差距越悬殊, 理论就越高明. 广义相对论正是这种理论的佼佼者.

在本章的最后, 有两件 "后事" 交待一下. 第一件事关赫尔斯–泰勒双星: 由于引力波造成的轨道蜕变, 赫尔斯–泰勒双星将在约 3 亿年之后合并, 圆舞曲也将 "曲终人散" (实为 "曲终星聚"); 第二件事关泰勒和赫尔斯这两个人: 由于赫尔斯–泰勒双星在天文学和物理学上的重要价值, 泰勒和赫尔斯这对师生拍档获得了 1993 年的诺贝尔物理学奖.

Rainer Weiss
Barry C. Barish
Kip S. Thorne

十三. LIGO 那些人儿

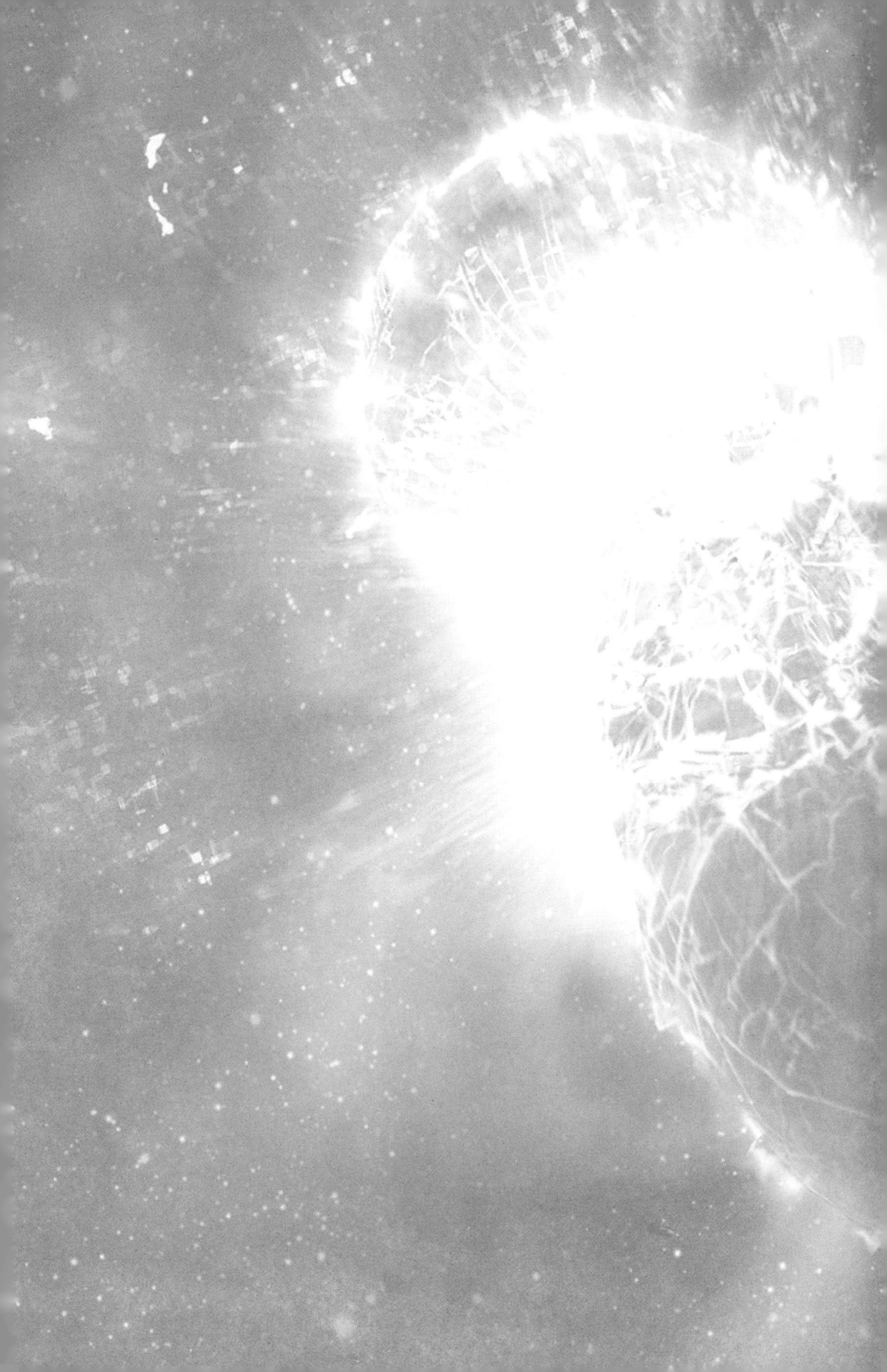

赫尔斯–泰勒双星虽基本扑灭了对引力波的残存怀疑, 却绝不意味着对引力波的直接探测失去了重要性, 甚至也不曾减弱直接探测的吸引力. 相反, 残存怀疑的扑灭在一定程度上减小了直接探测的风险, 从而有助于激起直接探测的兴趣.

这时候终于轮到美国激光干涉引力波天文台登场了. 为行文简单起见, 在接下来叙述中, 我们将用英文缩写 LIGO 来称呼它.

LIGO 是一个 "大科学" 项目, 耗资巨大, 人员众多, 但若是必须举一人为 "LIGO 之父" 的话, 一般认为, 德裔美国物理学家韦斯 (Rainer Weiss) 是不二之选.

韦斯 (1932—)

韦斯 1932 年出生在德国柏林, 1939 年初随父母因逃避纳粹而移民美国. 与韦伯相似, 韦斯早年也对电子器件深感兴趣, 甚至不惜荒废学业去从事电子器件的修理和买卖 —— 这在当时不仅很能赚钱, 还产生了一个意外的好处, 那就是靠着替黑帮头目修理电器, 使全家避免了被当时横行于市的黑帮势力所骚扰[①]. 韦斯对电子器件的品质精益求精, 尤其想要解决的是音响系统的噪声问题 —— 用他自己的话说, "我当初有一个野心, 那就是让音乐更容易被听见".

这种 "野心" 将曾经荒废学业的韦斯重新带回了课堂, 甚至连他最终的成就也在一定程度上体现了 "让音乐更容易被听见" 的昔日 "野心" —— 只不过那音乐变成了时空的乐章.

重返课堂的韦斯进入了麻省理工学院 (MIT) 的工程专业深造. 不过, 能跟黑帮头目打交道的韦斯不太适应工程专业的严格管理, 很快盯上了管理松散的物理专业, 并且转向了物理. 如果说这样的转行动机疑似一名坏学生, 韦斯很快就 "证明" 了怀疑是有道理的: 他难以自拔地陷入了一场恋爱之中, 再次走上了荒废学业的老路, 直到 —— 谢天谢地 —— 被女孩踹了, 才终于定下心来学习, 并于 1962 年, 以当时算得上 "高龄" 的 30 岁的年纪, 拿到了博士学位.

在博士研究期间, 韦斯在美国物理学家萨卡利亚斯 (Jerrold R. Zacharias) 的实验室里从事了许多工作. 萨卡利亚斯是原子钟的早期研制者之一, 他当时的一个想法是用原子钟来探测广义相对论的引力红移效应 (gravitational redshift). 韦斯为此学了一些广义相对论, 这一学改变了他的人生走向.

拿到博士学位后, 韦斯转往普林斯顿大学做了博士后研究, 然后回到麻省理工学院任教. 由于普林斯顿大学是当时引力理论的研究重镇, 在那里做过博士后研究的韦斯被麻省理工学院视为了引力理论专家, 并被要求开设广义相对论课程. 其实韦斯当时的广义相对论水平 —— 用他自己的话说 —— "只比我的学生多做了一

① 韦斯一家当时生活在纽约的布鲁克林 (Brooklyn) 区, 那是一个直到如今依然在治安上不尽人意的区域 (但倒是出过许多世界级的人才). 韦斯早年跟黑帮头目打交道的经历在他的语言里似乎留下了些许印记, 在他接受私人采访的口语记录中, 有时会蹦出 "粗口".

点习题", 可是 "我没法承认自己 …… 只比我的学生多做了一点习题", 于是只好硬着头皮开了课.

但在开课的过程中, 韦斯做了一件很新颖的事情, 那就是将主要精力放在了实验 —— 确切地说是 "理想实验" —— 上. 尤其是, 他亲自设计的习题从许多不同方面探讨了用干涉仪探测引力波的方案. 这些做法对他自己来说是顺理成章的 —— 因为他当初学习广义相对论就是怀着实验的目的, 但在广义相对论课程普遍为纯理论的当时, 却显得很新颖, 从而对学生产生了特殊的吸引力, 并且也奠定了他在用干涉仪探测引力波这一领域里的先行者身份.

不过, 韦斯只是先行者之一.

最早公开提出用干涉仪探测引力波的方案者, 乃是苏联物理学家杰特森斯坦 (Mikhail E. Gertsenshtein) 和普斯特沃特 (V. I. Pustovoit), 他们早在 1962 年就发表了这方面的设想. 除这两位在西方没什么影响的苏联物理学家外, 我们前文提到过的韦伯也是这方面的先行者, 虽然他付诸实施的方案是 "韦伯棒", 并且后来对 LIGO 持有一定的 "阴谋论" 恶感 (参阅第十一章), 但他很早就对用干涉仪探测引力波的方案有过思考 (参阅第十章).

随着探讨的深入, 韦斯对于用干涉仪探测引力波的兴趣渐渐越出 "理想实验" 的范畴, 而转向了实施. 1972 年, 韦斯在麻省理工学院的《季度进展报告》(Quarterly Progress Report) 上撰文介绍了用干涉仪探测引力波的方案, 其中包括了对各种噪声来源的系统分析. 他并且搞来了数万美元的经费, 用于建造一台探测臂长度为 1.5 米的 "迷你" 型干涉仪.

不过就跟在理论上他只是若干先行者 "之一" 一样, 在干涉仪的建造方面, 韦斯也不是唯一的. 曾经在韦伯手下 "当过差" (参阅第十章), 早在 1964 年就从韦伯那里得知过干涉仪方案的福沃德也很早就展开了小型干涉仪的建造. 福沃德的干涉仪也很 “迷你”, 大小跟 “韦伯棒” 差不太多[②]. 稍后, 随着韦伯的声望从云霄坠落, 一些原先属于 “韦伯棒” 阵营的物理学家 “反水” 到了干涉仪阵营里, 干涉仪方案逐渐吸引了更多的追随者.

与韦斯等人在干涉仪方案上的 “摸着石头过河” 同一时期, 后来 LIGO 的另一位领袖人物、加州理工学院 (Caltech, 简称 CIT) 的美国理论物理学家索恩 (Kip S. Thorne) 在广义相对论领域里的名声正在快速上升.

索恩 (1940—)

索恩出生于 1940 年, 是引力理论重镇普林斯顿大学的 “嫡传子弟”, 曾经师从于著名的广义相对论专家惠勒, 于 1962 年获得普林斯顿大学的物理学博士学位. 自 1967 年起, 索恩来到 —— 也是 “回

② 福沃德建造干涉仪的一个初衷, 是希望探测到能与韦伯的观测结果相比对的信号, 结果并不成功 (当然, 在知道了韦伯故事的结局后, 这种不成功是毫不奇怪的). 另外顺便说一下, 干涉仪是一类应用很广泛的仪器, 我们在本章及后文所说的 “干涉仪” 全都是特指作为引力波探测器的迈克耳逊干涉仪.

到", 因为那是他本科就读过的学校 —— 加州理工学院, 开始了他在那里长达半个世纪的学术生涯. 1970 年, 跟韦斯拿到博士学位同一年龄, 索恩成了加州理工学院最年轻的教授之一.

索恩是一个富有幽默感, 人缘和影响力都非同小可的人物, 他在加州理工学院期间, 仅博士生就培养了数十位之多, 还与数十位博士后及其他同行合作过. 在索恩的巨大影响下, 加州理工学院成了继普林斯顿大学之后又一个广义相对论重镇. 索恩对引力波探测情有独钟, 到加州理工学院任职的第二年, 即 1968 年, 就建立了一个研究组, 对引力波及其波源展开了理论研究. 那些研究后来对于探测方案的确定, 以及探测器的规模及具体设计都有着重要影响.

至于探测方案本身, 索恩倒没有急于作选择.

不过定见虽无, 倾向仍是有的. 索恩早年对 "韦伯棒" 有一定的期望 (参阅第十一章), 对干涉仪方案则不太看好, 在他参与撰写, 于 1970 年发表的著名教材《引力》(Gravitation) 中, 对干涉仪方案曾作过这样的评价: "这种探测器的灵敏度如此之低, 对实验来说鲜有兴趣." 等到 LIGO 变得让人大有兴趣后, 这句 "白纸黑字" 变成了索恩朋友圈里的幽默, 比如后来成为好友及合作者的韦斯就常年保存着这句话的拷贝, 每逢索恩到麻省理工学院访问他时, 就拿出来贴在自己办公室的门上.

韦斯与索恩的结识是在 1975 年, 当时两人恰好都赴华盛顿参加美国国家航空航天局 (NASA) 的一次会议. 两人一见如故、彻夜长谈. 那时 "韦伯棒" —— 尤其是韦伯本人的 "韦伯棒" —— 的局面已然不妙, 跟韦斯这位干涉仪方案的先行者长谈之后, 索恩的兴趣集中到了干涉仪上. 稍后, 他开始猎取这方面的技术人才, 其中被他重点盯上的是英国格拉斯哥大学 (University of Glasgow) 的德雷弗

(Ronald Drever).

德雷弗是一位苏格兰物理学家, 在建造干涉仪方面是当时颇有知名度的重量级人物. 也许并非偶然地, 德雷弗年轻时跟韦伯及韦斯一样, 也擅长摆弄电子器件及音响等. 德雷弗曾经与福沃德有过交流, 进而对干涉仪方案产生了兴趣③. 被索恩盯上时, 德雷弗正在建造一台探测臂长度为 10 米的干涉仪. 跟巨无霸的 LIGO 相比, 区区 10 米的探测臂不算什么, 但跟韦斯及福沃德的干涉仪相比, 德雷弗的可就是 "大家伙" 了.

索恩的 "猎头" 工作缓慢地产生着作用, 自 1979 年起, 德雷弗开始将一部分时间花在了加州理工学院, 索恩则不失时机地建立了一个引力波探测小组, 由德雷弗挂帅. 但格拉斯哥大学待德雷弗不薄, 为他提供了在其他学校很难享受到的行动自由度, 而且德雷弗有一定的故土情结, 因此直到 1983 年, 他才接受了加州理工学院的全职职位.

全职来到加州理工学院的德雷弗决定玩点大的: 建造一台探测臂长度为 40 米的干涉仪. 德雷弗在这台干涉仪上花了很大的功夫, 前后努力了十来年, 使它的探测灵敏度 $\Delta L/L$ 由初始时的 10^{-15} 左右逐步提升到了 10^{-18}.④

索恩和德雷弗在加州理工学院的动作无形中跟韦斯在麻省理工学院的努力产生了竞争关系, 而韦斯明显处于不利态势: 德雷弗的设计不仅在尺度上大了数十倍 (40 米 vs 1.5 米), 在技术上也更具优势 —— 他采用了所谓的 "法布里–珀罗共振腔" (Fabry–Pérot

③ 由于福沃德是从韦伯那里得知干涉仪设想的, 因此通过福沃德传播出去的所有影响, 归根到底也是韦伯的间接影响, 从这个意义上讲, 韦伯自己的实验虽被公认为失败 —— 甚至失败得有点难堪, 他对引力波探测的直接间接的影响却是相当巨大的. 索恩在一次访谈中曾留下过一句 "英雄惜英雄" 的评价, 他说韦伯的贡献其实是受到广泛敬意的, 可惜他自己似乎并不知道, 这是韦伯悲剧中 "最伤感的部分" (the saddest part).

④ 忘记 $\Delta L/L$ 的读者请温习第八章.

cavities) 来产生多次反射, 以进一步扩展探测臂的长度 (后来 LIGO 采用的也是这种技术)⑤. 眼看态势不利, 韦斯决定 "干点戏剧性的事情" (do something dramatic), 彻底摆脱这种本质上只具 "原型" (prototype) 意义的小局面竞争, 开始设计真正巨大的干涉仪.

在这方面, 韦斯其实早有 "预谋". 在 1976 年, 他就勾画过探测臂长达 10000 米的干涉仪. 在大家都着眼于 "迷你" 干涉仪的时候, 韦斯的这种巨大的胃口是一种远见卓识. 而更重要的是, 韦斯没有让这种胃口停留在空想上, 他通过游说, 使美国的国家科学基金会 (National Science Foundation, 缩写为 NSF) 也对这种胃口产生了兴趣, 正式拨款让韦斯进行可行性研究.

不过, 韦斯设想的干涉仪规模虽大, 与索恩和德雷弗的干涉仪毕竟性质相近, 目的相同, 在申请经费时显然会撞车. 与其冒着两败俱伤的风险强行竞争, 不如转而合作, 这一点无论对彼此间已是朋友的韦斯、索恩, 还是对国家科学基金会都不是秘密, 因此自 1984 年起, 加州理工学院 (索恩和德雷弗所在的学院) 与麻省理工学院 (韦斯所在的学院) 决定 "牵手", 由此形成了两所一流院校联合推进干涉仪计划的格局. 韦斯、索恩、德雷弗这早期干涉仪计划的 "三巨头" 则联合组成了一个 "指导委员会" (steering committee).

不过, "三巨头" 的关系并不和谐, 其中德雷弗本质上是 "个体户", 习惯独来独往, 当初迟迟不愿全职迁往加州理工学院的原因之一也正是因为在原先的格拉斯哥大学享受着很大的行动自由度. 荣升 "三巨头" 后, 德雷弗的行动自由度反而受到了牵制, 跟其他 "两巨头" 尤其是跟韦斯之间产生了很大的分歧. 虽有索恩居中调停, 这种分歧依然影响了工作效率, 最终被捅到了国家科学基金会. 在

---

⑤ 韦斯的干涉仪也采用了多次反射的手段, 但技术上远不如 "法布里–珀罗共振腔" 成熟.

后者的干预下, 干涉仪计划实施了 "领导层精简", 取消了 "三巨头" 架构, 于 1987 年开始, 由加州理工学院的物理学家沃格特 (Rochus Vogt) 担任主管.

索恩、德雷弗、沃格特 (1990 年)

沃格特早年研究过宇宙线, 担任过美国国家航空航天局所属的喷气推进实验室 (Jet Propulsion Laboratory) 的首席科学家, 是一位组织才能出众、领导风格强势的人物. 在沃格特的领导下, 一些早期的技术分歧得到了排解, 一份长达两百多页的提案渐渐成形. 在这份提案中, 干涉仪计划正式采用了 LIGO 这一名称, 探测臂的长度则被确定为 4000 米.

LIGO 作为大科学项目, 探测能力远远超过 "韦伯棒", 信号的明晰性和可靠性也绝非后者可比, 但有一个源自 "韦伯棒" 时代的设计准则是 LIGO 也必须借鉴的, 那就是起码得有两座相互远离的干涉仪, 一来是避免局域性的干扰, 二来也有利于确定信号的方位. 这一点在提案中也得到了体现.

但申请经费之路依然漫长.

提案所要求的建造两座探测臂长度为 4000 米的大型干涉仪的资金约为 2 亿美元 (其中初期费用约为 4700 万美元). 这个数目跟建造大型粒子加速器相比虽不算巨大, 对国家科学基金会来说却是前所未有. 这种规模的拨款除国家科学基金会的批准外, 还需经过美国国会的听证程序, 这一额外环节为申请之路增添了巨大的难度.

在国会的听证程序中, LIGO 遭到了广义和狭义上的各路同行 —— 即其他科学家 —— 的强烈反对. 在习惯于将 "科学家" 视为不食人间烟火的抽象族群的公众眼里, 这也许是出人意料的局面. 但科学家也都是人, 在科学研究日益依赖资金的今天, 在分割资金大饼时, 各领域的科学家为各自的生存相互 "拆台" 的景象其实是屡见不鲜的.

比如一些天文学家提出, LIGO 所要求的资金相当于国家科学基金会同期所能提供给常规天文项目资金的两倍左右, 如此巨大的资金应投往久经考验、从而更有把握取得成果的其他技术 (也就是 "常规天文项目"), 而不是前途莫测、形同赌博的引力波探测. 有些天文学家甚至对 LIGO 名称中的 "O" (Observatory) 所表示的 "天文台" 或 "观测台" 这层含义也表示了异议, 认为将这种不见得能观测到任何东西的项目取名为 "天文台" 或 "观测台" 是一种误导. 对这一异议, 索恩作出了漂亮的回应, 他表示天文学家所谓的 "天文学" 其实不过是 "电磁波天文学" —— 言下之意, 引力波探测是对传统天文学的补充. 在基础层面上, 电磁和引力同属长程基本相互作用, 而且是仅有的两种长程基本相互作用, "引力波天文学" 确实该被视为 "电磁波天文学" 的补充, 从这个意义上讲, 索恩的回应可谓一针见血. 其实, LIGO 的提案本身就已对天文学家的这种异议作出了 "料敌先知" 的回应, 在概述部分明确指出了探测引力波的两大价值: 其一是检验广义相对论; 其二则是 "开启一个本质上有别于电磁及粒子天文学所提供的观测宇宙的窗口".

与 LIGO 比天文学家更隔膜的凝聚态物理学家对 LIGO 当然也不买账. 比如 1977 年诺贝尔物理学奖得主、著名凝聚态物理学家安德逊 (Philip Anderson) 就毫不客气地质问: 若不是挂着爱因斯坦的大名, 谁会理它? 从某种意义上讲, 安德逊其实没说错, 因为韦斯自己也承认, 如果你对美国国会议员表示你想检验海森堡的不确定原理, 你只会遭遇茫然的目光, 而假如你要检验的是爱因斯坦的理论, 则 "一切大门都会魔术般地开启" (这当然也言过其实, 美国国会的钱袋子还是捂得很紧的). 不过另一方面, 哪怕不挂爱因斯坦的大名, 安德逊也是会反对的, 比如早年的超级超导对撞机 (Superconducting Super Collider, 简称 SSC) 就也遭到过安德逊的强烈反对.

在所有的反对之中, 最令 LIGO 科学家沮丧的, 则是某些同属引力波阵营的科学家的 "叛变" 或 "同室操戈". 比如我们在第 87 页注 ⑤ 中提到过的美国物理学家泰森曾是引力波阵营的成员, 却在国会听证时表示 LIGO 是技术上不成熟的, 除非精度再提高几个数量级, 否则不足以探测引力波⑥. "创新并不是 '黑夜打靶' 的同义词"—— 泰森如是说, 言下之意, LIGO 乃是 "黑夜打靶". 如果说泰森是 "叛变", 那么同属引力波阵营的某些 "韦伯棒" 建造者则是 "同室操戈", 他们虽协同推翻了 "韦伯棒" 鼻祖韦伯的工作, 同时却以 "韦伯棒" 在技术上更成熟, 同时也更便宜为由, 反对 LIGO.

各路同行的反对迟滞了国会对 LIGO 拨款的批准. 但沃格特顽强地努力着, 并积累着对付国会议员的经验. 渐渐地, 他开始吸引

---

⑥ 如今回过头来看, 泰森的话虽然 "逆耳", 其实却也没说错. 原始提案所描述的 LIGO 在若干年的早期运行中确实没能探测到引力波, 后来是在得到了新的经费, 经过了若干升级工程, "精度再提高几个数量级" 之后, 才取得成功. 当 LIGO 最终成功时, 它的总投资规模已膨胀到了 10 亿美元左右.

到了一些比较铁杆的支持者, 比如路易斯安那州的参议员约翰斯通 (J. Bennett Johnston) 被 LIGO 背后美丽的物理学和宇宙学所吸引, 在与沃格特的原定会谈时间结束时, 让助手取消了后面的安排, 继续聆听沃格特的介绍. 最终, 两人甚至双双坐到了咖啡桌旁的地上, 由沃格特一边讲解, 一边画着弯曲时空的示意图 …… 科普展现了巨大威力.

这些努力为最终赢得对 LIGO 的拨款立下了汗马功劳. 1991 年, 美国国会批准了对 LIGO 的初期拨款. 次年, 两座 LIGO 干涉仪的选址得到了确定.

不过, 在获得拨款的拉锯过程中, LIGO 内部也开始发生着巨大变化.

首先是 "个体户" 德雷弗不服 "城管" 沃格特. 德雷弗是一个技术天才型的人物, 思路活, 点子多, 但不止一位同事在回忆中提到, 他同时也是一个技术上独断专行的人. 德雷弗的这种风格比较适合一人说了算, 随时可以变更设计的小项目. 与之完全不同的是, LIGO 乃是 "大科学" 项目, 需要许多人的通力合作, 每天的延期都是资金黑洞, 因此不能无止境地变更, 而必须在适当的时候冻结设计, 然后全力以赴地转入建设. 这些在风格强势的沃格特眼里是底线, 德雷弗却无法适应, 依然像以往那样频繁推出新点子, 并大力游说, 他与沃格特的冲突也就不可避免了. 冲突的结果是 "胳膊拧不过大腿", 在技术上对 LIGO 有过重要贡献的德雷弗于 1992 年离开了 LIGO⑦.

⑦ 关于德雷弗与沃格特的冲突, 总体上是工作风格的冲突, 细节上则有多个版本: 一个来自德雷弗, 一个来自沃格特, 还有若干个来自其他同事, 那些 "家长里短" 式的细节我们就不详述了. 德雷弗离开 LIGO 后, 向加州理工学院提出了抗议, 后者决定向德雷弗提供 "安抚" 经费, 让他从事独立研究. 德雷弗于 2002 年从加州理工学院退休, 于 2017 年 3 月 7 日在故乡苏格兰的爱丁堡去世, 享年 85 岁.

但德雷弗并不是唯一跟沃格特有冲突的人, 沃格特的强势风格跟 LIGO 的其他主要人物 —— 比如韦斯 —— 也有冲突, 技术功臣德雷弗的离去则对沃格特产生了很负面的公关效果. 更糟糕的是, 沃格特甚至跟 "金主" 国家科学基金会也发生了冲突. 沃格特奉行的是 "认钱不认人" 的原则, 拒绝投资方对 LIGO 指手画脚, 甚至不愿向国家科学基金会提供足够充分的进展汇报. 沃格特的理由是只有这样才能避免官僚式的外行干扰. 从道理上讲, 沃格特的思路未必没有可取之处, 但如此的强势在现实中却明显碰了壁. 最终, 沃格特在一次会议上公开斥责国家科学基金会的代表, 彻底引爆了彼此的关系. 国家科学基金会与加州理工学院、麻省理工学院三方联合磋商之后, 决定请沃格特 "走人".

1994 年初, 为申请 LIGO 经费立下过汗马功劳的沃格特步技术功臣德雷弗的后尘, 离开了 LIGO.

沃格特对 LIGO 的最后一项贡献, 是在被加州理工学院的院长问及继任者人选时, 举荐了加州理工学院的美国物理学家巴里什 (Barry C. Barish). 巴里什出生于 1936 年, 是一位资深的实验高能物理学家. 巴里什具有建设 "大科学" 项目的丰富经验, 加盟 LIGO 之前曾在超级超导对撞机项目中担任过重要职位. 超级超导对撞机于 1993 年被美国国会取消, 使巴里什正好适合参与 LIGO.

德雷弗和沃格特的先后离去是 LIGO 发展史上的憾事, 就连与这两人多有摩擦的韦斯也承认, "那整个事件是 LIGO 的污点 …… 没有人想重提此事, 但它如今已不幸被纳入了公开记录".

巴里什接手 LIGO 时, LIGO 已深陷窘境. 国家科学基金会对 LIGO 的信心陷入了低谷, 印象转为了负面, 后续拨款也遭冻结, 沃格特打下的 "江山" 已几乎因他自己的领导风格而被 "清零", LIGO 则有步巴里什此前参与的超级超导对撞机后尘的危险.

巴里什 (1936—)

不过巴里什没有让超级超导对撞机的悲剧重演, 他大手笔地扭转了局势, 不仅很快就 "讨债" 成功, 而且奇迹般地游说国家科学基金会批准了一份投资规模扩大到接近 4 亿美元的新预算, 以至于索恩盛赞其为 "全世界曾经有过的最高超的大型项目管理者".

资金的到位将 LIGO 推上了真正的建设轨道, 巴里什也因此而成了 LIGO 建设工程的领导者.

1994 年, LIGO 两个选址中的第一个 —— 位于华盛顿州的汉福德观测台 (Hanford Observatory) —— 破土动工. 次年, 与之相距约 3000 千米的姊妹台 —— 位于路易斯安那州的利文斯顿观测台 (Livingston Observatory) —— 也破土动工.

1997 年, 巴里什对 LIGO 的组织架构作出了影响深远的调整, 将原始机构 "两院" (加州理工学院、麻省理工学院) "两台" (汉福德观测台、利文斯顿观测台) 整合成了 "LIGO 实验室" (LIGO Laboratory); 在那之外则增设了一个 "LIGO 科学合作组织" (LIGO Scientific

Collaboration), 用于科技研发、数据分析以及与其他机构的合作, 韦斯任该组织的第一代科学发言人. 在巴里什刚刚接手的时候, LIGO 的规模仅为加州理工学院和麻省理工学院的数十人, 如今已扩展成了来自十几个国家几十个研究所的超过 1000 名科研人员. 不仅如此, LIGO 与其他引力波观测台乃至天文台也展开了密切合作. 这一切, 都在很大程度上得益于巴里什对 LIGO 组织架构的调整.

巴里什对 LIGO 的另一项重大贡献是参与制定了一个分步走的方案, 即在基础建设完成后再追加若干升级工程, 使 LIGO 的探测能力更上一层楼. 2004 年, 升级工程的拨款得到了批准. 2005 年, 巴里什功成身退, 转战另一个大科学项目国际直线对撞机 (International Linear Collider), 但他依然是 "LIGO 科学合作组织" 的成员.

在巴里什之后正式接手 LIGO 的是美国物理学家马克思 (Jay Marx). 马克思 —— 这个跟某位 "大胡子" 撞车的中译名真别扭 —— 曾先后参与过美国布鲁克海文国家实验室 (Brookhaven National Laboratory, 简称 BNL) 和劳伦斯伯克利国家实验室 (Lawrence Berkeley National Laboratory, 简称 LBNL) 的建设, 他加盟 LIGO 后领导了升级工程的启动和实施.

2011 年, 美国物理学家雷茨 (David Reitze) 接替了退休的马克思, 继续推进升级工程. 雷茨是激光光谱学专家, 自 2007 年起就参与 LIGO, 担任过科学发言人. 在雷茨的任内, 被称为 "高级 LIGO" (advanced LIGO, 简称 aLIGO) 的升级工程正式完工, 使 LIGO 的探测灵敏度由早期的 10^{-19} 提升到了 10^{-22}, 探测频率范围则由早期的 100—3000 赫兹扩展到了 10—10000 赫兹. 雷茨并且很荣幸地成了这场历时数十年的科学接力大赛中迎来成果的人. 正是在雷茨的任上, LIGO 首次探测到了引力波 —— 也就是本书开篇提到的新闻事件.

2017 年 10 月 3 日, 韦斯、巴里什和索恩三人因 “对 LIGO 探测器及引力波观测的决定性贡献” 获得了 2017 年的诺贝尔物理学奖⑧. 这一天距离 LIGO 宣布探测到引力波只隔了一年多, 对诺贝尔奖来说算得上快速颁奖, 但无疑是实至名归的颁奖, 而绝非草率. LIGO 对引力波的成功探测是一个开启新领域的重大成果, 重大成果值得快速颁奖 —— 更何况, 光阴不等人, 颁布获奖者时, 早期的技术功臣德雷弗已经去世, 韦斯已经 85 岁, 巴里什已经 81 岁, 最 “少壮” 的索恩也已经 77 岁了.

⑧ 三人的奖金分配是: 韦斯独得一半 (跟他 “LIGO 之父” 的非正式头衔基本相称), 巴里什和索恩则平分另一半.

十四.

实验之美

“实验之美” 这个标题对我自己是突兀的, 因为我其实一向不喜欢实验, 甚而一向庆幸在我学物理之前一百多年, 物理就已分成了理论物理和实验物理, 让我可以 “合法” 地偏好理论而不必 “全面发展”. 若要谈实验在我心中的印象, 那么首先当然是 “重要” ——这是出于远远超乎个人偏好之上的对科学的基本理解. 然而接下来可就没好词了, 比如 “繁琐” 呀、“枯燥” 呀, 等等; 建造实验设备所需的申请经费、跟厂商打交道等等环节对不爱交际的我亦是不可承受之重; 实验设备本身留给我的印象则是亲眼见过以及在实验课上亲自拨弄过的那些横七竖八的线路, 哪怕不称其乱, 无论如何也不觉其美.

然而 LIGO 起码在远距离外观上完全颠覆了我对实验的旧印象. 初次见到 LIGO 观测台的相片时, 有一种惊艳的感觉. 无论在荒漠里还是丛林间, LIGO 的简洁外观都有一种壮丽、宁静甚至科幻式的美. 据说有 “不明真相的群众” 将 LIGO 当成美国政府的秘密

LIGO 汉福德观测台

时间机器, 一条探测臂指向过去, 一条探测臂指向未来, 虽是无稽之谈, 却也形象地道出了 LIGO 科幻式的美, 甚至道出了 LIGO 开启引力波天文学的承前启后作用.

LIGO 利文斯顿观测台

当然, 这种简洁外观的背后凝聚了物理学家的无数心血和大量高度复杂的技术 —— 从某种意义上讲, LIGO 的 "实验之美" 仿佛科学定律本身的美, 在简洁的外观背后演绎着五彩缤纷的现象.

在本章中, 我们将走马观花地欣赏一下 LIGO 的技术.

如果对 "LIGO" 这一名称作一个 "说文解字" 的话, 那么它的后半部分 ("GO") 界定了 LIGO 是什么, 即 "引力波天文台" (Gravitational-Wave Observatory); 前半部分 ("LI") 则界定了 LIGO 的核心技术, 即 "激光" (Laser) 和 "干涉仪" (Interferometer).

我们先说说 "激光". 在科学爱好者们为 LIGO 成功探测引力波而激动时, 很多人也许没有意识到, 在这项重大成果的背后, 爱因斯坦 "出场" 了两次而不是一次: 他不仅是探测对象引力波的先驱及提出者, 而且也是核心技术激光的理论奠基者①. 激光是所有精密干涉仪的必备技术, LIGO 也不例外. LIGO 不仅用到了激光, 而且对它有很多额外要求, 比如要求激光的功率特别强大, 并且高度稳定, 以提高干涉图案的分辨率 (resolution). 经过多年努力, LIGO 的激光完全达到了这些额外要求, 其指标在同类激光中毫无悬念地位居第一.

其次谈谈 "干涉仪". 干涉仪的探测灵敏度 (sensitivity) 与探测臂的长度直接相关, 探测臂越长, 灵敏度就越高. 为提高灵敏度, LIGO 构筑了史无前例的长达 4000 米的探测臂. 然而对探测引力波来说, 那样的长度依然远远不够. 怎么办呢? 科学家们采用了重复反射技术, 让激光在干涉之前先在探测臂上走很多个来回, 相当于延长了探测臂的长度. 重复反射作为思路并不稀奇, 在一个多世纪前的迈克耳逊干涉仪的原型上就采用过. 但思路虽同, 技术却异, LIGO 的激光反射技术极其高明, 重复反射的次数高达 280 次, 相当于将探测臂扩展为了 1120 千米.

除出现在名字里的 "激光" 和 "干涉仪" 这两项核心技术外, LIGO 的成功还离不开大量的辅助技术.

比如为了减少空气扰动及散射带来的噪声和损耗, LIGO 必须维持一个超高真空的环境, 这对于 "韦伯棒" 那样的 "小玩意儿" 来说不算太难, 对于巨无霸的 LIGO 可就不容易了. LIGO 探测臂的主体是直径约 1.2 米的激光管 (beam tube), 由于探测臂长达 4000 米,

---

① 激光的理论基础源自 "受激辐射" (stimulated emission) 的概念, 这是爱因斯坦在 1916 年发表的论文 "量子理论中辐射的发射与吸收" (Emission and Absorption of Radiation in Quantum Theory) 及 1917 年发表的论文 "论辐射的量子理论" (On the Quantum Theory of Radiation) 中提出的, 时间上与他的引力波研究几乎同时. LIGO 探测到引力波之后, 美国天体物理学家泰森 (Neil deGrasse Tyson) 在一条 "微博" 中很精辟地概括了爱因斯坦的巨大贡献: "1916 年: 爱因斯坦预言引力波; 1917 年: 他为激光奠定基础; 2016 年: 用激光发现了引力波."

且有两条, 所涉及的激光管的总体积有将近 10000 立方米. 为了达到探测引力波所需的精密度, LIGO 用了几十天的时间, 抽走了这 10000 立方米空间内 99.9999999999% 的空气 (即压强仅为一万亿分之一个大气压). 由于抽真空的极度不易, LIGO 对激光管的强度及密闭性提出了极高的要求, 要求让那样的高真空 "二十年不变"!

空气并非噪声的唯一来源, 震动也是必须减除的. LIGO 在选址上已适度考虑了地质条件的稳定性, 但再稳定的地质条件也不可能达到 LIGO 的要求. 事实上, 跟 LIGO 所要探测的引力波带来的扰动相比, 环境震动的幅度大出了一万亿 (10^{12}) 倍左右, 因此减震技术对 LIGO 是绝对必需的. 经过精益求精的努力, LIGO 的减震技术达到了能跟其他环节相匹配的高水准: 除对反射镜采取了悬挂之类的所谓 "被动减震" (passive damping) 措施外, 还采用了非常先进的 "主动减震" (active damping) 技术, 用各种传感器将附近的震动汇集到计算机里, 经分析后主动产生出抵消性的震动. 在这两类减震技术的共同 "保驾" 下, LIGO 的反射镜及激光光路可以维持在极其稳定的状态.

最后但并非最不重要的是, LIGO 需要非常强大的数据处理能力. 对于 LIGO 那样的 "大科学" 项目, 实验数据的采集和处理早已超越了早年那种实验者边看仪表边做记录, 然后用纸笔或计算器进行数据分析的模式. 处于工作状态的 LIGO 每天会产生上万亿比特的数据, 对这些数据的处理需要极强大的计算系统. 以 2015 年 LIGO 为期四个月的 "第一轮观测运行" 为例, 其所产生的数据若用当时最先进的个人电脑来处理, 需要 1000 台电脑处理一整年. 不仅如此, 未来 LIGO 的每一次技术提升, 都毫无疑问会对数据处理能力提出更高要求.

纵览上述方方面面, 可以明显看出, LIGO 是一个在激光、干涉仪、超高真空、减震、数据等诸多技术领域齐头并进的集大成之作, 无论哪个领域显著落后于实际达到的状态, LIGO 的成功也许就会推后若干年. 当然, LIGO 的各项技术都有自己的最佳工作范围, 这些范围共同确立了 LIGO 本身的最佳探测范围, 其中最重要的指标之一就是它的探测频率范围, 即上一章提到的 10—10000 赫兹②. LIGO 的这种很宽的探测频率范围跟 "韦伯棒" 的只针对极窄的频率范围相比, 有着极大的系统优越性.

② LIGO 的这一探测频率范围跟人耳能听到的声音频率范围 —— 20—20000 赫兹 —— 有很大的重叠, 因此倘若将 LIGO 探测到的引力波信号放大并输出到适当的音响上, 是真的能让人听到的. 从这个意义上讲, 将引力波称为 "时空的乐章" 不仅仅是比喻.

十五.

源的分析

LIGO 的设计和建设是工程师和实验物理学家的天下, 但理论物理学家也绝非只是旁观客, 除提供技术背后的理论支持外, 摆在他们面前的还有三个重大的理论问题:

1) 最有可能被 LIGO 探测到的引力波源是什么样的?

2) 那样的源大约每隔多久可以产生一次能被 LIGO 探测到的信号?

3) 那样的信号具体会是什么样子的?

在接下来的几章中, 我们将逐个介绍这些问题[①].

在这些问题中, 第一个问题的答案是比较明显, 并且也比较有把握的. 我们在第六章中介绍过各种引力波源发射的引力波, 其中辐射功率最强的引力波源是强引力场天体, 尤其是强引力场天体的合并[②]. 因此我们首先罗列一下强引力场天体合并的类型.

对发射引力波最有利的强引力场天体有两类: 中子星和黑洞, 其中黑洞又可粗略分为"恒星级"黑洞和巨型黑洞. 为方便起见, 我们把只涉及中子星和"恒星级"黑洞的强引力场天体合并称为致密双星合并 (Compact Binary Coalescence, 简称 CBC). 很明显, 致密双星合并有三类: 两个致密星体都是中子星的被称为中子星双星合并, 两个致密星体都是黑洞的被称为黑洞双星合并, 两个致密星体一个是中子星一个是黑洞的则被称为中子星–黑洞双星合并.

从历史上讲, 由于赫尔斯–泰勒双星的发现很早就确立了中子星双星的存在, 其余两类致密双星的存在却并无证据, 因此中子星

---

① 考虑到 LIGO 还会有后续建设, 而这些问题的答案与 LIGO 的探测能力有关, 因此有必要界定一下: 我们对这些问题的介绍都是针对初次探测到引力波的 LIGO —— 也就是此前完工的所谓"高级LIGO". 这一点不仅针对本章, 也针对本书余下的所有部分.

② 之所以强调"强引力场天体的合并", 是因为我们在第六章中介绍过, 单个的强引力场天体 —— 比如旋转中子星 —— 往往不具有足够剧烈的非对称运动, 从而会显著减弱引力波的辐射强度, "强引力场天体合并"则没有这一问题.

双星合并一度被视为引力波源的最大希望. 不过这种偏废很快得到了纠正, 因为索恩等人很快就意识到, 另两类致密双星合并——尤其黑洞双星合并——也是很有希望甚至更有希望的强引力波源, 理由有两条: 一是黑洞比中子星更致密; 二是中子星存在质量上限③, 黑洞却没有, 从而可以比中子星"重"得多. 这两条都是有利于发射强引力波的, 因此带有黑洞的那两类致密双星哪怕在空间分布上比中子星双星更稀疏, 也完全有可能因其发射的引力波更强, 而能在更远的距离上——也就是更大的体积内——被探测到, 从而抵消甚至逆转空间分布稀疏的劣势.

因此, 所有三类致密双星合并都被列为很有希望的引力波源.

涉及巨型黑洞的强引力场天体合并又如何呢? 这类强引力场天体合并的最典型的例子是位于星系中心的巨型黑洞吞并恒星的过程. 从理论上讲, 这是一种几乎铁定存在的过程, 因为天文学家们普遍认为, 很多星系的中心存在巨型黑洞, 它们吞并恒星的过程不仅存在, 而且是所谓活动星系核 (Active Galactic Nucleus) 的主要能量来源. 因此, 巨型黑洞吞并恒星的过程也是很有希望的引力波源.

不过, "很有希望" 不等于能被 LIGO 探测到, 因为 LIGO 有一个 10—10000 赫兹的探测频率范围. 为了搞清楚那些 "很有希望" 的引力波源所发射的引力波能否被 LIGO 探测到, 我们有必要分析两个更现实的问题: 一个是引力波的频率能否落在 LIGO 的探测频率范围之内; 另一个——假定前一个问题的答案是肯定的——则是引力波的频率落在 LIGO 探测频率范围之内的时间——即留给 LIGO

③ 中子星的质量上限被称为托曼–奥本海默–沃科夫极限 (Tolman–Oppenheimer–Volkoff limit), 数值约为 2—3 个太阳质量. 超过这一极限时, 中子简并压强将无法抗衡引力, 中子星会坍塌为黑洞.

的探测时间 —— 是否足够长.

我们首先注意到, 强引力场天体合并的“序曲”是两个天体沿越来越紧密的轨道相互绕转, 而沿周期为 T 的轨道绕转的天体所发射的引力波的主频率 f 是绕转频率 $1/T$的两倍④, 即:

$$f = \frac{2}{T} \tag{15.1}$$

(15.1) 式虽然简单, 却立刻可以推出一个重要结论, 那就是: 巨型黑洞吞并恒星的过程可以从“最有可能被 LIGO 观测到的引力波源”的名单中除去. 我们以银河系中心的巨型黑洞为例来说明这一点: 该巨型黑洞的质量约为太阳质量的 400 万倍, 在那样的巨型黑洞吞并恒星的过程中, 最高的绕转频率 —— 也就是最高的引力波主频率 —— 出现在被吞并天体即将进入黑洞视界时. 由于质量为太阳质量 400 万倍的巨型黑洞的视界周长约为 75000000 千米, 即便以光速绕转一圈也需 250 秒的时间, 因此相应的绕转频率及引力波主频率最高只能达到毫赫兹 (mHz) 量级, 远远低于 10 赫兹这一 LIGO 探测频率的下限. 因此 LIGO 无法探测这种巨型黑洞吞并恒星的过程 (这也启示了未来引力波天文台的一个发展方向: 低频探测能力).

通过完全类似的估算不难发现 (请读者自行验证), 致密双星合并所能达到的最高的绕转频率及引力波主频率可以远远高于 10 赫兹, 从而可以轻松进入 LIGO 的探测频率范围.

因此对 LIGO 来说, 在上述几种引力波源里, “很有希望”的只剩下了致密双星合并.

接下来我们分析一下致密双星合并所发射的引力波的主频率

④ 所谓引力波的主频率, 其实就是四极辐射的频率. 由于引力波源的四极矩 —— 如 (5.3) 式所示 —— 是坐标的二次型, 因此引力波的主频率是运动频率的两倍. 另外说明一下: 为简洁起见, 在本章之后的文字里, “主频率”通常会被简称为“频率”.

落在 LIGO 探测频率范围之内的时间 —— 即留给 LIGO 的探测时间 —— 有多长. 为此需要知道主频率的变化规律, 而这可以通过 (15.1) 式给出的主频率与轨道周期的关系, 以及第十二章的 (12.8) 式给出的轨道周期变化规律来得到, 下面我们就具体估算一下.

在进行这类估算时, 引进一个物理学家们称之为 "啁啾质量" (chirp mass) 的折合质量是很方便的[⑤]. 对于质量分别为 m_1 和 m_2 的致密双星来说, "啁啾质量" 定义为:

$$\mathfrak{M} = \frac{(m_1 m_2)^{3/5}}{(m_1 + m_2)^{1/5}} \tag{15.2}$$

利用 "啁啾质量", (12.8) 式可改写为 (从中可顺便窥见 "啁啾质量" 所起的简化作用):

$$\frac{\mathrm{d}T}{\mathrm{d}t} = -\frac{192\pi\left(\dfrac{T}{2\pi G\mathfrak{M}}\right)^{-5/3}}{5c^5} \tag{15.3}$$

考虑到这里所做的只是估算, 我们略去了 (12.8) 式中相对复杂且并非恒定的与轨道偏心率有关的因子 $f(e)$.

由于我们关心的是引力波的主频率随时间的变化, 利用 (15.1) 式给出的主频率 f 与轨道周期 T 的关系, 不难将 (15.3) 式改写为 (以下各式的推导皆不复杂, 感兴趣的读者可以自己试试):

$$\frac{\mathrm{d}f}{\mathrm{d}t} = \left(\frac{96}{5}\right)\pi^{8/3}\left(\frac{G\mathfrak{M}}{c^3}\right)^{5/3} f^{11/3} \tag{15.4}$$

由 (15.4) 式可以看到, 致密双星合并过程所发射的引力波的主频率会越来越高, 直至合并终了. 这是完全符合直觉的, 因为越接近合

---

⑤ "chirp" 的本意为鸟叫声, 在信号学中用来表示频率随时间升高或降低的信号, 音译为"啁啾". 物理学家们将致密双星合并过程所发射的引力波 —— 尤其是末期所发射的频率快速升高的引力波 —— 类比为尖锐的鸟叫, 故引进了 "chirp" 一词, 并将描述这一过程时常用的折合质量称为了 "chirp mass".

并过程的末期, 双星间距越小, 轨道周期越短, 所发射的引力波的主频率也就越高 —— 虽然 (15.4) 在定量上并不适用于高度复杂的合并过程末期. 利用 (15.4) 式, 只要作一个简单积分, 便可计算出引力波的主频率由 f_1 演变到 $f_2(f_2 > f_1)$ 所需的时间为:

$$\tau = \left(\frac{5}{256}\right)\pi^{-8/3}\left(\frac{c^3}{G\mathfrak{M}}\right)^{5/3}(f_1^{-8/3} - f_2^{-8/3}) \tag{15.5}$$

将各物理常数的数值代入 (15.5) 式, 可将之数值化为:

$$\tau \approx 650000\mathfrak{M}^{-5/3}(f_1^{-8/3} - f_2^{-8/3}) \tag{15.6}$$

这里时间 τ 的单位是秒, "啁啾质量" $\mathfrak{M}$ 的单位是太阳质量, 引力波主频率 f_1 和 f_2 的单位是赫兹⑥.

对于我们想要知道的致密双星合并过程留给 LIGO 的探测时间来说, f_1 为 LIGO 探测频率的下限, 即 10 赫兹. 而 f_2 要么是致密双星合并过程所发射的最高的引力波主频率, 要么是 LIGO 探测频率的上限, 无论哪个都远大于 10 赫兹, 因此 $f_2^{-8/3} \ll f_1^{-8/3}$ 可以忽略. 将 (15.6) 式中的 f_1 换成 10 赫兹并忽略 f_2, 可得致密双星合并过程留给 LIGO 的探测时间为:

$$\tau \sim 1400\mathfrak{M}^{-5/3} \tag{15.7}$$

由 (15.7) 式可以看到, 致密双星的质量 —— 确切地说是 "啁啾质量" —— 越大, 致密双星合并过程留给 LIGO 的探测时间就越

⑥ 有读者可能会尝试用 (15.6) 式来核验第十二章提到的 "赫尔斯–泰勒双星将在约 3 亿年之后合并" 的结论, 如果尝试了, 将会发现数倍的偏差, 这是因为赫尔斯–泰勒双星具有较大的轨道偏心率, 使得被我们略去的与轨道偏心率有关的因子 $f(e)$ 对其长期演化有不容忽略的影响.

短[⑦]. 对于像赫尔斯–泰勒双星那样的中子星双星来说, $m_1 \approx 1.44$, $m_2 \approx 1.39$, $\mathfrak{M} \approx 1.23$, 相应的探测时间约为 990 秒, 也就是 16.5 分钟. 对于像 LIGO 初次观测到的那种黑洞双星来说, $m_1 \approx 36$, $m_2 \approx 29$, $\mathfrak{M} \approx 28$, 相应的探测时间为 5.4 秒. 至于中子星–黑洞双星, 则介于以上两者之间. 所有这些对 LIGO 来说都是足够长的[⑧].

至此, 从理论上讲, 我们已得到了第一个问题的答案, 那就是: 最有可能被 LIGO 探测到的引力波源是致密双星合并.

---

⑦ “质量 —— 确切地说是 ‘啁啾质量’ —— 越大, 致密双星合并过程留给 LIGO 的探测时间就越短” 这一特点有一个简单应用, 那就是可用来粗略反推引力波源的类型. 比如由下文中紧接着给出的数值例子不难看出, 探测时间只有数秒或更短的引力波信号不太可能来自中子星双星合并 (虽然单凭这一点不能严格排除). 很多人对物理学家们由引力波信号反推引力波源的性质感到神秘, 希望这个注释能稍起解惑作用.

⑧ 这里有必要补充一点: 10—10000 赫兹这一探测频率范围并不意味着引力波的主频率一进入该范围就一定可被 LIGO 所探测, 由于致密双星合并所发射的引力波是随合并过程的推进而增强的, LIGO 的探测灵敏度则是在探测频率范围的两端较弱, 因此完全有可能只有当主频率达到一个比 10 赫兹更高的数值 —— 也就是进入探测频率范围的 “纵深地带” —— 时才能被 LIGO 所探测. 在这种情况下, (15.6) 式中的 f_1 须换成那个更高的数值, 相应的探测时间则将比 (15.7) 式给出的更短, 我们在后文将会见到的几次实际探测皆属此类.

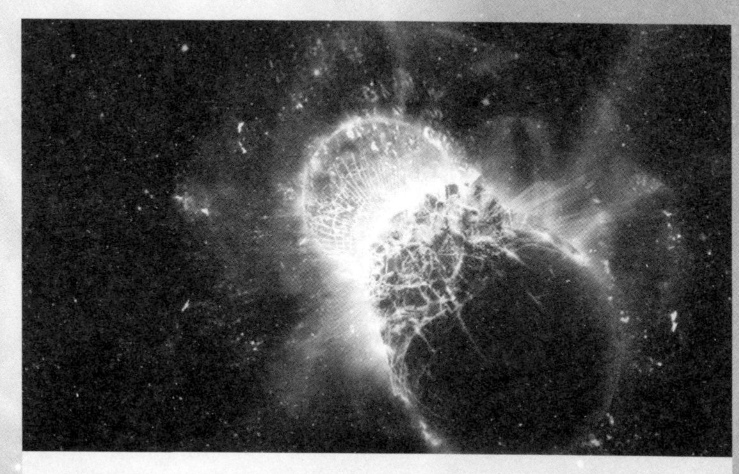

十六.

致密双星的“死亡率”

既然知道了最有可能被 LIGO 探测到的引力波源是致密双星合并, 那么接下来就可以介绍第二个问题, 即那样的源大约每隔多久可以产生一次能被 LIGO 探测到的信号①? 这大体上乃是估算致密双星在 LIGO 空间探测范围内的“死亡率”.

但哪怕粗粗一想, 也能意识到这个问题是不容易回答的, 因为在中子星双星、黑洞双星、中子星-黑洞双星这三类致密双星中, 黑洞双星和中子星-黑洞双星的观测证据在 LIGO 之前完全为零, 中子星双星虽早已被发现, 却也只发现了十来对. 利用如此有限的观测结果, 要想估算致密双星在 LIGO 空间探测范围内的“死亡率”无疑是不容易的, 并且注定只能是非常粗略的.

因此在本章中, 我们将看到全书中最粗略 —— 粗略得近乎野蛮, 甚至能给人留下滥用统计之印象 —— 的估算. 不过, 这种估算只是科学家们在 LIGO 投入运行之前对其探测引力波的前景所作的评估, 具有“仅供内部参考”的意味. 在 LIGO 成功探测到引力波之后, 对致密双星在 LIGO 空间探测范围内的“死亡率”的估算在很大程度上可让位给针对 LIGO 本身的观测结果的统计分析, 这也是未来 LIGO —— 或者更一般的引力波天文学 —— 可对传统天文学做出补充的诸多领域中的一个.

我们先从相对容易 —— 即存在观测证据 —— 的中子星双星谈起.

在迄今发现的十来对中子星双星中, 只有命名为 PSR J0737-

① 这里有必要重申一下第 167 页注 ① 所做的界定, 即本章所说的 LIGO 都是指初次探测到引力波的 LIGO —— 也就是在那之前完工的所谓“高级LIGO”. “高级LIGO”对引力波源的探测距离约为早期 LIGO —— 也称为“初级LIGO” (initial LIGO, 简称 iLIGO) —— 的 15 倍.

3039 的一对是两个致密天体都作为脉冲星被直接观测到的②, 其余则都跟赫尔斯–泰勒双星相类似, 只是直接观测到作为脉冲星的一个中子星, 然后通过理论推断出另一个中子星的存在.

利用 PSR J0737-3039 这一特例, 科学家们对中子星双星在 LIGO 空间探测范围内的 "死亡率" 展开了如下分析.

首先, 从 PSR J0737-3039 所包含的两颗脉冲星的射电光度 (radio luminosity), 科学家们估计出了那样的中子星双星可在我们近旁约相当于银河系 10% 的空间体积内被传统天文学手段所发现; 其次, 从对那两颗脉冲星的射电辐射角分布的研究中, 科学家们估计出了 PSR J0737-3039 的射电辐射只涵盖 3% 的天区. 将这两项估计合在一起, 可以得出一个很粗糙的结论, 那就是银河系中像 PSR J0737-3039 那样的中子星双星只有 3‰ (即 $10\% \times 3\%$) 能被传统天文学手段所发现. 由于我们实际发现了一例, 因此粗略地说, 银河系中目前总共约有 300 (即 $1 \div 3‰$) 多对像 PSR J0737-3039 那样的中子星双星③.

另一方面, 通过对 PSR J0737-3039 作类似于对赫尔斯–泰勒双星所作的分析, 科学家们计算出了这对中子星双星将在约 8000 万年之后合并, 而它们作为中子星双星的当前年龄约为 9000 万年④. 这两者合计起来可知 PSR J0737-3039 的总寿命 T 约为 17000 万年 (即 8000 万年 + 9000 万年). 由于银河系中目前总共约有 300 多对

② PSR J0737-3039 是 2003 年在澳大利亚的帕克斯天文台 (Parkes Observatory) 被发现的, 距我们约 4000 光年. 组成 PSR J0737-3039 的两颗脉冲星的质量分别约为太阳质量的 1.34 倍和 1.24 倍, 相互绕转的轨道周期约为 2.4 小时. 对 "PSR J0737-3039" 这一命名的含义感到困惑的读者请温习第 127 页注 ⑥.

③ 确切地说, $1/3‰=333$, 不过在这种非常粗略的估计中, 保留 3 位有效数字会造成精度错觉, 故近似为 300. 后面的其他同类估算也应作如是观.

④ 跟中子星双星将在多少年后合并可以相当有把握地计算出来不同, 估计中子星双星的当前年龄是相当困难的. 这类估计有几种方法, 但全都很粗略 —— 比如方法之一是计算中子星从理论上的最大自转转速逐渐减慢到目前观测到的自转转速所需的时间.

像 PSR J0737-3039 那样的中子星双星, 因此可以粗略地认为银河系中每 17000 万年间会发生 300 多次像 PSR J0737-3039 那样的中子星双星的合并, 或者说每隔 17000 万年会有 300 多对像 PSR J0737-3039 那样的中子星双星 “死亡”. 由此得到的 “死亡率” 约为 2×10^{-6} yr^{-1} (即 300 ÷ 17000 万年, yr 是年). 如果进一步认为 PSR J0737-3039 可以代表所有中子星双星, 那么 2×10^{-6} yr^{-1} 也就是银河系范围内中子星双星的 “死亡率”.

这一 “死亡率” 约相当于每 60 万年 (即 17000 万年 ÷ 300) 才出现一次中子星双星的合并, 这么低的 “死亡率” 哪怕每一例 “死亡” 都被观测到, 也实在是等不起. 不过好在这个 “死亡率” 只涵盖了银河系范围内的中子星双星, 而 LIGO 对中子星双星合并的空间探测范围远远超出了银河系范围.

那么在 LIGO 的空间探测范围内, 中子星双星的 “死亡率” 是多大呢? 我们可以简单地推算一下. 很明显, 既然知道了银河系范围内中子星双星的 “死亡率”, 那么只要乘上宇宙中像银河系这种规模的物质分布 —— 也称为 “银河等价星系” (Milky Way Equivalent Galaxy, 简称 MWEG) —— 的空间分布密度, 再乘上 LIGO 对中子星双星合并的空间探测范围的体积 V, 就可以得到中子星双星在 LIGO 空间探测范围内的 “死亡率”. 具体地说, 宇宙中 “银河等价星系” 的空间分布密度一般估计是 10^{-2} Mpc^{-3} 左右 (这里 Mpc 为星系天文学上常用的距离单位: 百万秒差距, 约合 326 万光年); 而依据 2002 年索恩参与撰写的一篇题为 “引力波源概览” (An Overview of Gravitational-Wave Sources) 的论文的估计, LIGO 对中子星双星合并的空间探测范围是探测距离 D 约为 300 Mpc, 相应的体积 $V = 4\pi D^3/3$ 则约为 10^8 Mpc^3. 将这几个数字乘起来, 可得中子星双星在 LIGO 空间探测范围内的 “死亡率” 约为每年两次 (即 2×10^{-6} $\mathrm{yr}^{-1} \times 10^{-2}$ Mpc^{-3} ×

$10^8\ \mathrm{Mpc}^3 = 2\ \mathrm{yr}^{-1}$), 也就是说 LIGO 平均每年大约能探测到两次中子星双星的合并.

从 LIGO 在最初两年多的运行 (其中有效探测时间约为一年) 中探测到一例中子星合并的情形来看, 这一估计虽大了一倍, 却算得上相当不错了. 对这种高度粗糙的估计来说, 数值相差几个数量级也完全可能, 区区数倍的出入是不足为奇的 (反过来说, 哪怕数值没什么出入, 也只能归为碰巧, 而并不表明精度高, 科学研究是一种冷静的探索, 面对有利证据时尤其要冷静, 不能夸大它的含义).

接下来再谈谈黑洞双星.

如前所述, 在 LIGO 之前黑洞双星的观测证据为零 —— 这当然毫不足奇, 因为黑洞几乎按定义就不是传统天文学手段能够直接观测的, 因此对单个黑洞的确认就已属间接, 对两个 —— 且几乎注定非常遥远的 —— 黑洞相互绕转的确认则明显鞭长莫及. 不过黑洞双星的观测证据虽然为零, 天文学家们倒是发现了一个很可能会快速演变成黑洞双星的系统: IC 10 X-1. 这是位于不规则星系 IC 10 中的一个 X 射线源, 于 1997 年被发现, 距我们约 200 多万光年, 被认为是由一个黑洞和一颗质量很大但体积却不太大的所谓 "沃尔夫–拉叶星" (Wolf-Rayet star) 组成的紧密绕转的双星系统 (绕转周期仅为 30 小时左右). 这个双星系统的两个天体的质量都高达太阳质量的 30 倍左右. 由于大质量 "沃尔夫–拉叶星" 的寿命很短, 只有 20 万年左右, 演化方向则几乎铁定是黑洞, 因此科学家们预期, IC 10 X-1 将会很快演化成黑洞双星⑤.

利用 IC 10 X-1 这一 "孤证", 科学家们对黑洞双星的 "死亡率"

⑤ 事实上, 假如这些判断成立, 那么 IC 10 X-1 "现在" 就应该已经是黑洞双星了. 因为它距我们有 200 多万光年, 我们如今看到的是它 200 多万年前的样子, 那时就只剩 20 万年左右寿命的 "沃尔夫–拉叶星" 如今则早已完成演化, 变为黑洞. 因而 IC 10 X-1 "现在" 就应该已经是黑洞双星了, 这是天文学的巨大距离带来的奇异而有趣的后果.

进行了粗糙得近乎野蛮的估计, 具体方法是这样的: 首先假设 IC 10 X-1 可以代表所有黑洞双星的前身, 那么如果像 IC 10 X-1 那样由黑洞和 “沃尔夫–拉叶星” 组成的双星系统的空间分布密度为 ρ, LIGO 对黑洞双星合并的空间探测范围的体积为 V, 则在该空间探测范围内类似 IC 10 X-1 的双星系统的总数为 ρV, 如果进一步考虑到 “沃尔夫–拉叶星” 的寿命为 T, 则可以粗略地认为每隔 T 时间, 会有 ρV 那么多个类似 IC 10 X-1 的双星系统演化成黑洞双星, 或者说黑洞双星的 “出生率” 为 $\rho V/T$. 如果认为黑洞双星的寿命彼此相近 (或平均寿命可粗略代表所有寿命), 则 “死亡率” 大体等于 “出生率”, 由此就得到了 LIGO 空间探测范围内黑洞双星的 “死亡率” 为 $\rho V/T$.

当然, 这种估计还隐含了一个条件, 那就是由类似 IC 10 X-1 的双星系统演化而成的黑洞双星的寿命小于宇宙年龄 (这是必需的, 因为否则的话, 哪怕自宇宙诞生之初就出现的黑洞双星, 也直到目前都还不会合并, 从而也就不可能被 LIGO 探测到. 这一隐含条件对其他两类致密双星也适用), 这对于由 IC 10 X-1 本身演化而成的黑洞双星是成立的, 因为计算表明后者会在二三十亿年之内合并.

接下来看看这一 “死亡率” 的数值有多大. 由前面提到的大质量 “沃尔夫–拉叶星” 的寿命可知 T 约为 2×10^5 yr (即 20 万年); 至于 LIGO 对黑洞双星合并的空间探测范围, 我们再次援引索恩参与撰写的 “引力波源概览”, 那里列出的探测距离为 $z \approx 0.4$ (z 为宇宙学红移), 相当于十几亿秒差距⑥, 相应的体积 V 约为 10^{10} Mpc^3; 最难估计的是像 IC 10 X-1 那样的双星系统的空间分布密度, 因为那样的双星系统只发现了一个, 根本无从推算密度. 正是为了解决这

⑥ 宇宙学红移 z 是表示宇宙学距离的常用指标, 其所对应的用 “百万秒差距” 表示的距离跟宇宙的大尺度结构及演化有关, 无法一概而论, 不过对我们这种粗略估计来说, $z \approx 0.4$ 可笼统地对应于十几亿秒差距.

一困难, 最 “野蛮” 的方法登场了: 科学家们以当前传统天文学手段能够发现 IC 10 X-1 的最大距离 —— 据估计约为 2 Mpc —— 作为了每个像 IC 10 X-1 那样的双星系统所占据的平均空间范围的半径 (相应的体积则约为 30 Mpc^3)⑦, 由此可以推得像 IC 10 X-1 这样的双星系统的空间分布密度 ρ 约为 $3\times10^{-2}\ \text{Mpc}^{-3}$. 将这几个数值代入 $\rho V/T$, 可得黑洞双星在 LIGO 空间探测范围内的 “死亡率” 约为 $10^3\ \text{yr}^{-1}$, 也就是说 LIGO 平均每年能探测到上千次黑洞双星的合并.

从 LIGO 运行前两年多的情形看, 黑洞双星的合并是最频繁被探测到的, 但每年探测上千次显然还是大大高估了. 但考虑到这一估计的极度粗糙性, 这种出入同样算不上出人意料.

最后谈谈中子星–黑洞双星.

与黑洞双星相类似, 在 LIGO 之前中子星–黑洞双星的观测证据也是零. 不仅如此, 中子星–黑洞双星还是唯一一类直至本文撰写之时 —— 即 2017 年底 —— 仍无观测证据的致密双星. 不过在理论上, 这类致密双星的存在是没有悬念的, 因为它跟另两类致密双星的本质区别只在于质量 —— 只要两个星体的质量落在适当的范围内, 它就必然会出现. 事实上, 天文学家们已经发现了一个有可能会演变成中子星–黑洞双星的双星系统: 天鹅座 X-3 (Cygnus X-3).

天鹅座 X-3 是位于天鹅座的一个 X 射线源, 距我们约 23000 多光年. 跟 IC 10 X-1 相类似, 天鹅座 X-3 也是由一个黑洞和一颗 “沃尔夫–拉叶星” 组成的, 所不同的是, 天鹅座 X-3 稍显 “迷你”, 其中的黑洞质量仅数倍于太阳质量, “沃尔夫–拉叶星” 的质量也仅为太阳质量的十倍左右. 由于质量较小, 天鹅座 X-3 中的 “沃尔夫–拉叶

---

⑦ 这几乎摆明了是一种高估, 因为随着观测手段的提升, “当前传统天文学手段能够发现 IC 10 X-1 的最大距离” 将会变大, 除非那时恰巧发现新的类似 IC 10 X-1 的双星系统, 否则对空间分布密度的估计摆明了会降低.

星”不像 IC 10 X-1 中的大质量“沃尔夫–拉叶星”那样几乎铁定会演化成黑洞, 而是有一定的概率以中子星告终, 从而使整个双星系统演化成中子星–黑洞双星. 据粗略估计, 天鹅座 X-3 演化成中子星–黑洞双星的概率约为 15%⑧, 而中子星–黑洞双星在单位体积内的“死亡率”(用上文的符号表示, 即 ρ/T) 则 —— 基于对这种体系的非常粗糙的演化理论 —— 被估计为 10^{-8} Mpc^{-3} yr^{-1}. 这种估计的手法 —— 从而“野蛮”程度 —— 跟对黑洞双星的估计是完全相似的, 不仅作了相似的假设 (比如假设了天鹅座 X-3 可以代表所有中子星–黑洞双星的前身), 而且也同样是以一个“孤证”(即天鹅座 X-3) 为核心的.

LIGO 平均每年能探测到多少次中子星–黑洞双星的合并呢? 我们依然援引索恩参与撰写的“引力波源概览”⑨, 那里列出的 LIGO 对中子星–黑洞双星合并的探测距离约为 650 Mpc, 相应的体积 V 约为 10^9 Mpc^3. 以之乘上前面得到的单位体积内的“死亡率”(即 ρ/T) 便可推算出 LIGO 平均每年能探测到的中子星–黑洞双星的合并次数 (即 $\rho V/T$) 约为十来次.

从 LIGO 运行前两年多的情形看, 中子星–黑洞双星的合并是唯一完全缺席的, 由此判断, 每年十来次显然也是很大的高估 —— 但当然同样也可以归为不足为奇.

以上就是对致密双星“死亡率”的估算. 需要指出的是, 以上所介绍的只是两类主要估算手段之一, 即基于观测数据的估算 (虽然

---

⑧ 确切地说, 15% 乃是演化成沿紧密轨道相互绕转 —— 从而能足够快地合并 —— 的中子星–黑洞双星的概率. 若把非紧密轨道也考虑进去, 则总概率约为 30%. 不过我们在前文讨论黑洞双星时曾经说过, 致密双星的寿命必须小于宇宙年龄, 否则哪怕自宇宙诞生之初就出现, 也直到目前都还不会合并, 从而也就不会对 LIGO 的探测有贡献, 这相当于假定了“紧密轨道”.

⑨ 这里统一补充说明一下: 在“引力波源概览”中, 中子星的质量被假定为太阳质量的 1.4 倍, 黑洞的质量被假定为太阳质量的 10 倍.

所谓 "观测数据" 其实都是 "孤证"); 除这类手段外, 还有一类手段是理论估算, 即通过双星演化理论来作估计, 那类手段也很粗糙, 因为理论本身还很不健全. 在 LIGO 之前的那些年里, 两类手段都被反复尝试过, 细节则各有不同 (因此以上所介绍的其实是一类手段中的一组特定尝试). 比如 LIGO 对引力波的探测能力不是沿所有方向都相同的, 因此空间探测范围的体积 V 要比以探测距离 D 为半径的球体积 $4\pi D^3/3$ 来得小, 这种因素在有些估计中被略去了, 在另一些估计中则得到了考虑; 又比如几乎所有物理量都有一定的取值范围, 有些估计的取值偏于乐观, 有些估计则偏于悲观, 这些也都会影响估计结果.

另外值得一提的是, 这两类手段并非完全独立, 比如前面提到的对估计黑洞双星及中子星–黑洞双星 "死亡率" 起到核心作用的那两个由黑洞和 "沃尔夫–拉叶星" 组成的双星系统 (即 IC 10 X-1 和天鹅座 X-3) 对双星演化理论的发展曾有过很大影响. 双星演化理论一度得出过很悲观的结论, 认为作为致密双星前身的两颗大质量恒星在共同演化的某个阶段会出现一个 "共有包层" (common envelope), 在它的阻尼作用下, 两颗恒星会没来得及演化成致密双星就直接合并, 从而使得致密双星的出现几乎没有可能. 这种悲观结论后来得到了修正, 修正的理由正是 IC 10 X-1 和天鹅座 X-3, 因为那两个双星系统都已度过了 "共有包层" 阶段却依然存在. 另一方面, 修正后的双星演化理论又反过来对这种由黑洞和 "沃尔夫–拉叶星" 组成的双星系统的寿命估计提供了帮助. 因此, 两类手段有着紧密的互动.

将两类手段的各种尝试综合起来, 可以得出对 LIGO 每年能探测到的致密双星合并次数的估计, 该估计对所有三类致密双星都有很宽的范围, 其中下限都在零点几次左右, 上限则高达数百或数千次. 这也正是第二个问题的答案 —— 确切地说是在 LIGO 正式运行之前有关第二个问题的答案. 这个答案一方面凸显了估计的糟糕程度 —— 数值上的相互偏差高达三四个数量级, 另一方面却也清楚地显示出, 哪怕依照最悲观的估计, LIGO 的成功也是预料中的事. 因此, 韦斯曾经强烈期望, LIGO 会在 2016 年之前, 在广义相对论诞生 100 周年的时候探测到引力波.

很幸运的是, LIGO 没有像 “韦伯棒” 辜负韦伯那样辜负韦斯的期望⑲.

⑲ LIGO 并非总是 “善解人意” 的. 比韦斯早得多, 索恩在 20 世纪 80 年代就曾有过期望, 期望 LIGO 在公元 2000 年到来之前探测到引力波. 索恩并且就这一期望跟同事打了赌, 可惜 LIGO 辜负了他的期望. 2000 年 1 月 1 日, 索恩承认打赌落败, 并兑现了赌注 —— 葡萄酒, 几位获胜的同事则为 “索恩的健康及引力波探测尤其是 LIGO 的成功” 干了杯.

十七.

致密双星的“死亡序曲”

回答完了前两个问题, 知道了最有可能被 LIGO 探测到的引力波源是致密双星合并, 并且估算出了那样的源大约每隔多久可以产生一次能被 LIGO 探测到的信号, 现在让我们来谈谈第三个问题, 即那样的信号具体会是什么样子的?

这个问题是伴随着第一个问题的答案而产生的 —— 因为信号与波源有关, 只有知道了引力波源的类型, 才谈得到信号具体会是什么样子的; 同时, 它也是伴随着 LIGO 的探测精度而产生的 —— 在昔日以 “韦伯棒” 为核心的年代里, 人们关心的只是信号的有无, 而并不在意它的具体形式, 因为 “韦伯棒” 远远达不到关心后者所需的精度 (“韦伯棒” 留给人们的重大教训则是: 只关心信号的有无是很容易误入歧途的 —— 因为离开了具体形式的约束, 噪声混充成信号的概率会大大增加).

能够对信号的具体形式进行检验, 是 LIGO 相对于 “韦伯棒” 的一个有着本质意义的优越之处, 是 LIGO 可信度的根基之一. 同时, 它也赋予了 LIGO 对广义相对论作出新的定量检验的能力, 因为在 LIGO 探测到引力波之前, 物理学家们就依据广义相对论对信号的具体形式作出了预言, LIGO 对引力波的探测, 则缔造了广义相对论的又一个预言得到定量验证的精彩范例.

在接下来的几章中, 我们将对广义相对论的预言作一个简略介绍, 其中本章针对致密双星合并过程的初期 —— 姑称为 “死亡序曲”; 后两章则针对致密双星合并过程的末期 —— 姑称为 “死亡终曲”.

致密双星合并过程的初期, 粗略地讲, 是指双星间距较大 (比如远大于双星本身的线度), 各种复杂效应 —— 其中包括三类致密双星的细致区别 —— 可以忽略的阶段. 具体地讲, 则是指第五章中的四极辐射近似和第十五章中有关引力波主频率的诸公式基本适用的阶段. 这个阶段也称为致密双星的 "旋进" (inspiral) 阶段 (旋进的原因完全在于辐射引力波, 在牛顿引力理论中, 致密双星是可以 "天长地久" 的 —— 除非考虑尘埃阻尼等环境因素). 而所谓信号的具体形式, 指的是引力波造成的度规扰动或探测臂长度变化作为时间的函数的具体形式, 也称为引力波的波形 (waveform)①.

现在我们就来估算一下致密双星合并过程初期的引力波波形.

估算的步骤是这样的: 首先, 由第五章的 (5.2) 式或第八章的 (8.1) 式可知, 引力波造成的度规扰动或探测臂长度的相对变化 h 正比于引力波源的四极矩对时间的二阶导数; 其次, 利用第六章或第八章介绍的估算方法, 可将引力波源的四极矩近似为 MR^2 (其中 M 是体系的总质量, R 为线度); 其三, 在同等近似下, 对轨道绕转频率为 f 的致密双星来说, 四极矩对时间的二阶导数可以近似为 MR^2f^2; 其四, 考虑到轨道绕转频率与引力波的主频率之间 —— 如第十五章的 (15.1) 式所示 —— 只差一个对估算来说并不重要的常系数 2, 可将 f 直接诠释为更具观测意义的引力波主频率; 最后, 利用开普勒第三定律, 可将不具有直接观测意义的 R 替换成 $f^{-2/3}$.

将上述步骤代入 (5.2) 式或 (8.1) 式, 可得:

$$h \sim f^{2/3} \tag{17.1}$$

这里我们略去了所有常数因子, 以及引力波主频率以外的物理量 (比如质量、致密双星与我们的距离等), 因为那些因子不随时间改变, 从而对我们关心的引力波波形只有标度意义上的影响.

另一方面, 第十五章的 (15.6) 式给出了引力波主频率由 f_1 演变到 f_2 所需的时间 τ 与 f_1、f_2 之间的关系. 对我们所考虑的合并

---

① 引力波的波形严格讲乃是引力波自身的特性, 因而指的是度规扰动的形式. 但由于度规扰动跟探测臂长度变化那样的衍生效应成比例, 故只需用适当的标度, 便可描述后者, 或与后者相互比对.

过程的初期来说, 可将 f_1 选为我们感兴趣的引力波主频率 f, 将 f_2 选为合并过程接近终了时的某个主频率. 在这样的选择下, 显然有 $f_1 \ll f_2$, $f_2^{-8/3}$ 相对于 $f_1^{-8/3}$ 可以忽略, 而 τ 则基本上等于引力波主频率为 f 的时刻与合并过程终了时刻之间的间隔 t, 由此可将 (15.6) 式改写为:

$$t \sim f^{-8/3} \tag{17.2}$$

关于 (17.2) 式, 有一点可附带引申一下: 如前所述, 在推导 (17.2) 式时, 我们利用开普勒第三定律, 将 R 替换成了 $f^{-2/3}$. 假如不作那样的替换, 那么 (17.2) 式将成为 $t \sim R^4$, 它意味着致密双星的寿命正比于轨道半径的 4 次方 —— 当然, 这里假定了辐射引力波是轨道蜕变的唯一原因.

将 (17.2) 式代入 (17.1) 式便可得到致密双星合并过程初期的引力波波形为:

$$h \sim t^{-1/4} \tag{17.3}$$

由 (17.3) 式可以看到, 致密双星合并过程初期的引力波振幅 h 会逐渐增大, 离合并时刻越近 (即 t 越小), 振幅就越大, 这是完全合理且符合直觉的. 但这一合理性不能过度外推, 尤其是不能外推至过分接近合并时刻 $t = 0$, 因为 (17.3) 式给出的振幅在接近 $t = 0$ 时会趋于无穷, 这是针对致密双星合并过程初期的 (17.3) 式失效的鲜明征兆.

当然, $t = 0$ 乃是"死亡终曲"的地盘, 本就不该由 (17.3) 式来描述. 不过, 即便在"死亡序曲"的地盘内, (17.3) 式也有可以改进的地方.

细心的读者也许注意到了, (17.3) 式的推导过程以及其所依赖的诸多前文结果中, 包含了诸如开普勒第三定律那样本质上属于牛顿引力理论的结果, 这作为低阶近似是无可厚非的, 却也提示了一个显而易见的改进途径, 那就是将这些“低阶”近似提升为“高阶”—— 即所谓的广义相对论后牛顿近似. 这种显而易见的改进当然不是“免费午餐”, 它会导致急剧增加的复杂性.

不过这吓不倒物理学家. 自 1993 年开始, 物理学家们开始在后牛顿近似下计算致密双星合并过程初期的引力波波形. 2001 年, 理论物理学家达穆尔 (Thibault Damour)、天体物理学家塞斯亚普拉卡什 (B. S. Sathyaprakash) 等人将后牛顿近似推进到了 3.5 阶②, 并得到:

$$h \sim \left(\frac{2\nu M}{r}\right) A^2 \tag{17.4}$$

其中 M 是致密双星的总质量 (即 $M = m_1 + m_2$), r 是致密双星与我们的距离, ν 是所谓“对称质量比” (symmetric mass ratio), 定义为 $\nu = m_1 m_2/M^2$. (17.4) 式的表观简单性背后的巨大复杂性体现在 A^2 中, 它的解析表达式为:

$$\begin{aligned}A^2 = \frac{\tau^2}{4}\Bigg\{&1 + \left(\frac{743}{402} + \frac{11}{48}\nu\right)\tau^2 - \frac{\pi}{5}\tau^3 + \left(\frac{19583}{254016} + \frac{24401}{193536}\nu + \frac{31}{288}\nu^2\right)\tau^4 \\ &+\left(-\frac{11891}{53760} + \frac{109}{1920}\nu\right)\pi\tau^5 + \Bigg[-\frac{10052469856691}{6008596070400} + \frac{\pi^2}{6} + \frac{107}{420}\cdot \\ &(\gamma + \ln 2\tau) + \left(\frac{3147553127}{780337152} - \frac{451}{3072}\pi^2\right)\nu - \frac{15211}{442368}\nu^2 + \frac{25565}{331776}\nu^3\Bigg]\tau^6 \\ &+\left(-\frac{113868647}{433520640} - \frac{31821}{143360}\nu + \frac{294941}{3870720}\nu^2\right)\pi\tau^7\Bigg\}.\end{aligned} \tag{17.5}$$

其中 $\tau = (\nu t/5M)^{-1/8}$, γ 是欧拉常数 ($\gamma = 0.5772156649\cdots$).

上面这个表达式算得上是本书中最复杂的表达式, 给出这个表达式的目的不是要吓唬读者, 而是为了秀一下或者说赞一下达穆尔、塞斯亚普拉卡什等人的努力. 除此之外, 上述表达式还有一

② 在致密双星合并过程的研究中, 后牛顿近似的阶数是以 v^2/c^2 (v 为致密双星的典型运动速度) 的幂次来标识的, 3.5 阶对应于 v^2/c^2 的 3.5 次幂, 也即 v^7/c^7.

个小小的作用, 那就是可以帮我们补上推导 (17.3) 式时略去的某些因子. 为了证实这一点, 我们取 (17.5) 式的第一项, 即 $\tau^2/4$, 代入 (17.4) 式. 经过不太复杂的变量代换, 可以得到与 (17.3) 式相一致的结果, 而且包含了推导 (17.3) 式时被略去的质量、致密双星与我们的距离等物理量, 具体形式为:

$$h \sim \left(\frac{\mathfrak{M}^{5/4}}{r}\right) t^{-1/4} \tag{17.6}$$

这其中 $\mathfrak{M}$ 是由第十五章的 (15.2) 式给出的 “啁啾质量”③.

当然, (17.6) 式乃至更精确的 (17.4)、(17.5) 两式依然有省略之处, 这些省略之处在前面各章中其实已介绍过, 这里权且重复一下: 首先是光速 c 和万有引力常数 G 都取为了 1, 其次是数量级为 1 的常系数被略去了, 再者是左侧的 h 作为度规扰动 h_{ij} 的代表, 略去了诸如致密双星轨道平面与引力波传播方向之间的角度、引力波的偏振方向之类的细节. 除这些针对常数及物理量的省略外, (17.4)、(17.5)、(17.6) 诸式作为描述引力波振幅 h 的公式, 还省略了引力波相位的周期性变化. 如果将引力波相位的周期性变化也包括在内, 引力波造成的度规扰动或探测臂长度的相对变化实际上是以 h 为振幅的振荡, 且振荡的频率 (即引力波的频率) 会随致密双星的 “旋进” 而加快. 这种频率的改变在 3.5 阶的后牛顿近似下具有与 (17.5) 式相似的复杂性, 这里就不列出了, 但由此得到的引力波波形大致如下页图所示:

图中纵轴为 h, 横轴为 t. 需要注意的是, 横轴从左往右表示离合并时刻越来越近, 从而 t 是减小的.

---

③ 有必要提醒读者的是, 通过 (17.4) 式和 (17.5) 式得到 (17.6) 式乃是对前文推导 (17.3) 式的太过偷懒的补偿, (17.6) 式其实是完全用不着那么迂回的推导的 —— 起码与 r 的关系是可以很容易地在推导 (17.3) 式时直接给出的, 且所需信息完全包含在了前面各章中, 感兴趣的读者不妨试试.

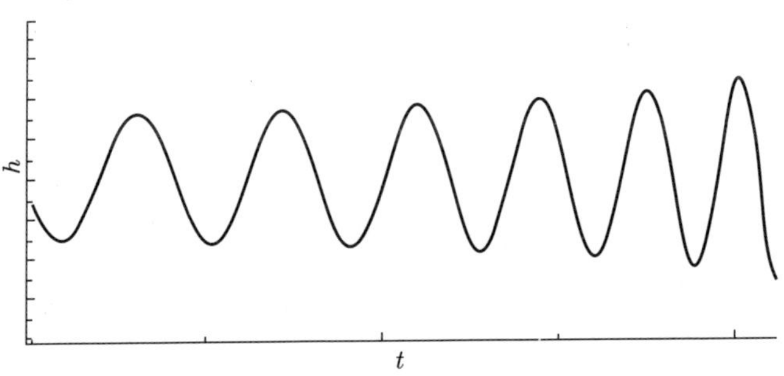

致密双星合并过程初期的引力波波形

从上图中可以很直观地看到前文提到的致密双星合并过程初期引力波波形的两个主要特征, 即引力波的振幅逐渐增大 (体现在单个波形的高度逐渐增大), 以及引力波的频率逐渐加快 (体现在单个波形的宽度或相邻波形的间距逐渐减小).

以上就是对致密双星的 "死亡序曲" 阶段广义相对论预言的简略介绍. 关于这一阶段, 还有一个特点值得一提, 那就是: 只要这一阶段足够漫长 (这对一般天文体系来说是没有问题的, 比如赫尔斯–泰勒双星的这一阶段哪怕从目前算起也还将持续 3 亿年左右的时间), 致密双星的轨道就会在这一阶段因辐射引力波而逐渐变为接近圆轨道④. 由于圆轨道比椭圆轨道容易处理, 因而这一特点在无形中为后续阶段的计算提供了便利.

由后牛顿近似给出的 (17.4)、(17.5) 两式与最低阶近似下的 (17.3) 式或 (17.6) 式相比, 适用范围或者说精度有了显著提升, 但依然只能描述致密双星合并过程的初期即 "死亡序曲" 阶段, 而无法涵盖合并过程的终了即 "死亡终曲" 阶段. 在合并过程接近终了时, 致密双星作为双星系统已处于 "濒死" 状态, 彼此的间距可以很接近有关星体的黑洞视界半径, 运动速度则可以很接近光速, 后牛

④ 双星质量相差悬殊的情形有所例外, 那样的致密双星在接近合并时依然可以有较大的轨道偏心率.

顿近似在这种情形下将会失效⑤.

那么, 在这种情形下还有什么手段可用呢? 托计算机技术快速发展之福, 可以用所谓的数值相对论 (numerical relativity) 手段, 我们将在下一章中加以介绍.

⑤ 当然, “间距可以很接近有关星体的黑洞视界半径” 和 “运动速度则可以很接近光速” 只针对带有黑洞的致密双星, 对于中子星双星并不成立. 不过中子星双星另有物态方面的独特复杂性, 在合并过程接近终了时, 同样会使后牛顿近似失效.

十八.

致密双星的“死亡终曲”

——真空篇

完成了对致密双星合并过程初期 —— 即“死亡序曲”阶段 —— 引力波波形的介绍, 现在我们转入对合并过程末期 —— 即所谓“死亡终曲”阶段 —— 的介绍.

与合并过程初期三类致密双星的细致区别可以忽略不同, 在合并过程的末期, 三类致密双星的区别变得显著, 从而必须分开讨论. 本章中, 我们首先讨论黑洞双星.

之所以首先讨论黑洞双星, 是基于由浅入深的原则, 因为在三类致密双星的合并中, 中子星双星合并和中子星-黑洞双星合并都牵涉中子星, 而中子星的物态牵涉广义相对论以外的物理, 而且是有很大未知性的物理. 这种未知性直接影响到对合并过程末期引力波波形的分析. 另一方面, 黑洞双星合并虽也是很复杂的过程, 却具有独特甚至优美的纯粹性.

爱因斯坦亲自写下真空中的爱因斯坦场方程

这纯粹性首先体现在领域上, 即黑洞双星合并是一个纯粹的广义相对论问题, 不涉及其他物理领域. 其次, 这纯粹的广义相对论问题还具有物理性质上的纯粹性, 从某种意义上讲甚至比牛顿引力理论中的“二体问题”更纯粹. 这是因为牛顿引力理论中的“二体问题”带有一个作为数学抽象的必不可少的近似: 将所涉及的“二体”近似为两个质点①, 而广义相对论中的黑洞双星合并乃是一个完全不涉及物质的纯粹的时空演化问题, 无须进一步的数学抽象, 它的初始状态是包含双黑洞的真空解②, 终极状态则是克尔黑洞③.

由于这种纯粹性, 描述黑洞双星合并过程的方程式乃是形式上极为简单的真空中的爱因斯坦场方程. 有意思的是, 爱因斯坦本人恰好留下过一张他亲自在黑板上写下真空中的爱因斯坦场方程的相片, 是 1931 年他在美国加州作学术演讲时被摄下的. 用我们的符号, 这一方程为 —— 感兴趣的读者可以试着从 (2.9) 式出发推导一下:

$$R_{\mu\nu} = 0 \tag{18.1}$$

一个形式上如此简单的数学方程式, 可以描述两个乃至多个

① 如果不作这一近似, 那么牛顿引力理论中的“二体问题”原则上就会变成跟两个天体的物态有关的无穷多体问题 —— 虽仍有其他近似手段可用.

② 这是因为无论是只带质量的施瓦西黑洞 (Schwarzschild blackhole) 还是带质量及角动量的克尔黑洞 (Kerr blackhole) 都是广义相对论的真空解 (即物质能量动量张量为零的解), 因而其合并乃是一个完全不涉及物质的纯粹的时空演化问题. 另一方面, 著名的“无毛发定理” (no-hair theorem) 表明这两类黑洞足以涵盖天文学上最有意义的情形 —— 当然, 这里假定了黑洞以外的物质可以忽略, 并且也假定了黑洞 —— 如其他天体一样 —— 所带电荷可以忽略 (电荷是除质量和角动量以外“无毛发定理”允许的唯一黑洞参数), 这种假定是对原则上可以实现的物理条件的假定, 与牛顿引力理论中作为数学抽象的质点假定是不同的. 另外可以补充的是: 这里提到的双黑洞是处于束缚态的 —— 因而必然会合并.

③ 跟前一条脚注一样, 这里假定黑洞所带电荷可以忽略. 另外顺便说一下, 黑洞双星合并的终极状态是克尔黑洞这一结论在物理上虽显而易见, 却尚无数学上的严格证明, 因而是一个假设, 名为“末态假设” (final state conjecture). “末态假设”的核心物理缘由就是引力波, 具体地说, 一是作为束缚态的黑洞双星的轨道必然不稳定, 会通过辐射引力波而“蜕化”, 最终导致合并; 二是合并后的状态如果是非稳恒态 (non-stationary), 会通过继续辐射引力波而演化成稳恒态时空, 后者依据“无毛发定理”必然是克尔黑洞 (因为所考虑的是广义相对论的真空解).

黑洞相互绕转、辐射引力波, 乃至相互合并的过程, 这是数学的巨大威力, 也是物理学的巨大魅力. 当然, 读者不可被形式上的简单所误导, (18.1) 式是一个非线性方程组, 对这种方程组, 哪怕具有纯粹性的问题也往往没有严格解, 黑洞双星合并的"死亡终曲"就是例子.

推究起来, 所谓黑洞双星合并的"死亡终曲"乃是一个笼统提法, 其本身还可细分为两个部分: 合并之前的最后阶段被称为——物理学家取名字的智慧真是难以恭维——"合并" (merge); 合并之后的阶段则称为 "ringdown", 译为"拖尾"或"铃荡"——我更喜欢后者, 合音译意译于一体. 两者之中, "铃荡"阶段只是对克尔度规的扰动, 这种扰动因辐射引力波而衰减, 使时空由非稳恒态向稳恒态过渡, 这种过程可以用后牛顿近似处理. 真正困难, 从而需要用上一章末尾提到的数值相对论手段来计算的只是"合并"阶段.

别小看将"死亡终曲"分为"合并"和"铃荡"这种细分, 它不是为了炫耀物理学的条理性, 而是有着非常现实的意义. 事实上, 只有"合并"阶段需要用数值相对论手段来计算是一种细分之下才显现出来的幸运. 因为对于像黑洞双星"合并"那样复杂的物理过程, 普通物理学家所能获得的硬件资源只能提供一小段时间的数值相对论推演而不带来太大误差. 在这种条件下, "合并"之前的"死亡序曲"以及之后的"铃荡"阶段都可以用后牛顿近似处理, 恰好将数值相对论的处理范围压缩到了硬件资源能够胜任的时间之内.

虽然针对黑洞双星的数值相对论计算哪怕在今天的硬件条件下也是富有挑战性的课题, 它的历史却出人意料的悠久, 甚至可以追溯到"黑洞"一词被采用之前的 1964 年④. 那一年, 美国 IBM 公司的哈恩 (Susan Hahn) 和艾德菲大学 (Adelphi University) 的林奎斯

④ "黑洞"一词是 20 世纪 60 年代后期, 主要由于惠勒的采用而流行起来的.

特 (Richard Lindquist) 用一台浮点运算速度仅为每秒 10 万次、跟今天的手机相比也远远不如的 IBM 7090, 对包含双黑洞的时空进行了历时几小时的数值相对论计算 (当时的机器时间相当昂贵, 区区几小时亦所费不菲). 他们的计算没有得出物理上有价值的结果, 但这件事情本身 —— 即在 “黑洞” 一词被采用之前, 就有人利用比今天的手机都远远不如的硬件资源进行过双黑洞时空的数值相对论计算 —— 还是值得一记的.

哈恩和林奎斯特之后的又一次针对黑洞双星的数值相对论计算发生在 20 世纪 70 年代, 研究的是黑洞双星的正面对撞, 研究者名叫斯马 (Larry Smarr), 是美国物理学家. 斯马的数值相对论计算远比哈恩和林奎斯特的成功, 在一定程度上可视为数值相对论手段的实质发源. 斯马的数值相对论研究也有值得一记之处, 那就是对数值相对论等领域的兴趣后来促使他创立了美国超级计算应用中心 (National Center for Supercomputing Applications), 该中心在他主管期间开发了被很多人称为图像浏览器鼻祖的 “马赛克” (Mosaic) 浏览器. 该浏览器最初的目的是将远程数据图像化, 后来深刻地影响了互联网, 成为斯马对历史的最大影响 —— 在一定程度上, 也可视为数值相对论结出的最意想不到的果实.

对黑洞双星的数值相对论计算真正成为重要课题是在 20 世纪 90 年代, 主要是拜 LIGO 所赐 —— 因为黑洞双星合并被确立为了最有可能被 LIGO 探测到的引力波源之一, 从而引起了较广泛的兴趣.

对黑洞双星合并的数值相对论计算 —— 乃至一般的数值相对论计算 —— 本质上是通过数值计算研究时空的动力学演化. 不过这话听起来简单, 细究起来却有些令人困扰, 因为所谓动力学演化, 乃是给定一组动力学变量在某个初始时刻的空间分布, 然后求解其在未来时刻的演化, 这跟“研究时空的动力学演化”几乎是语义上冲突的 —— 因为“时空”顾名思义已经包含了时间, 既然已经包含了时间, 还怎么演化?

为解决这一问题 —— 或者更确切地说是为了澄清广义相对论动力学的含义, 物理学家们对时空进行了分解, 用符号表示的话, 就是分解成 $\Sigma \times R$, 其中 Σ 是三维类空超曲面, 表示空间, 坐标记为 x_i ($i = 1, 2, 3$); R 是时间, 坐标记为 t. 这种分解是 1959 年由美国物理学家阿诺维特 (Richard Arnowitt)、戴舍 (Stanley Deser) 和米斯纳 (Charles W. Misner) 提出的, 被称为 ADM 分解 (ADM decomposition). 在 ADM 分解下, 时空的动力学演化可以表述为时空度规 $g_{\mu\nu}$ 在 Σ 上的诱导度规 h_{ij} 及 Σ 的外曲率 K_{ij} 的动力学演化⑤.

以上是广义相对论动力学的含义, 具体到数值计算上来, 基本手段则是将时空格点化, 将微分方程转变为差分方程 (difference equation). 但其中有“三座大山”(三个棘手问题) 必须解决.

首先是: ADM 分解下的广义相对论动力学是有约束的动力学, 因为场方程中有四个方程不含度规的二阶导数, 从而不是演化方程, 而只是对动力学变量 h_{ij} 和 K_{ij} 的约束条件⑥. 这种约束条件在数值计算时会产生一个问题, 那就是数值计算无论是计算方法本身的精度还是计算过程所保留的有效数字的位数都是有限的, 从而无可避免地存在误差. 这种误差带来的一个后果是: 在初始时刻

---

⑤ 具体地说, h_{ij} 的定义为: $h_{ij} = g_{ij} + n_i n_j$ (其中 n 是 Σ 的单位法矢量); K_{ij} 是 h_{ij} 时间导数的组合, 定义为: $K_{ij} = (1/2)L_n h_{ij}$ (其中 L_n 是沿 Σ 的单位法矢量 n 的李导数). 以 h_{ij} 和 K_{ij} 为动力学变量, 时空的动力学演化可以表述为给定 (h_{ij}, K_{ij}) 在某个初始时刻的空间 Σ 上的分布, 求解其在后续时刻的演化. 由于我们不拟介绍数值相对论的技术细节, 在这方面就不再展开了, 对 ADM 分解感兴趣的读者可参阅拙作《从奇点到虫洞: 广义相对论专题选讲》(清华大学出版社 2013 年 12 月出版) 的第 3.2 节.

⑥ 对这一细节感兴趣的读者可参阅拙作《从奇点到虫洞: 广义相对论专题选讲》(清华大学出版社 2013 年 12 月出版) 的第 3.2 节和第 3.3 节.

得到满足的约束条件在演化过程中会遭到破坏. 当然, 既然数值计算无可避免地存在误差, 约束条件也就只需在误差许可的范围之内得到满足即可. 然而不幸的是, 对约束条件的某些破坏会以指数方式增长, 从而彻底破坏数值计算的有效性.

其次是: 数值计算中的坐标选择有很大的讲究, 许多坐标会在演化中产生出诸如坐标奇异性那样的 "病态" 结果, 从而也会破坏数值计算的有效性.

最后但并非最不重要的则是: 黑洞所带的时空奇点乃是 "雷区", 同样会破坏数值计算的有效性, 从而必须采取适当手段处置之.

除这 "三座大山" 外, 当然还有来自算法、收敛性、维持时空的渐近平直性等等其他方面的要求也是需要兼顾的. 所有这些问题和要求合在一起, 使得对黑洞双星合并的数值相对论计算不仅是对硬件资源的挑战, 在理论上也是一个艰深课题.

不过, 经过很多物理学家的长时间努力, 上述问题逐一得到了起码是实用层面的解决.

比如针对约束条件的破坏 —— 尤其是那些以指数方式增长的破坏, 物理学家们引进了所谓的 "约束阻尼" (constraint damping), 那是一种以约束条件本身为基础构筑出来的特殊函数, 可以添加到场方程上而不影响动力学. 虽然尚无严格而普遍的数学证明, 但实际应用显示, "约束阻尼" 确实具有 "阻尼" 作用, 能使那些原本会以指数方式增长的破坏被控制在误差许可的范围之内, 从而解决约束条件的破坏问题.

至于坐标的选择, 如果让大家随便猜的话, 读者也许会想起我们在第四章中介绍过的调和坐标. 这种猜测大体不错. 受很多物理学家青睐并且历史悠久的调和坐标确实在很多方面都有特殊的便利. 不过对黑洞双星合并的数值相对论计算来说, 单纯的调和坐标仍不足以保证不出现“病态”结果 —— 事实上, 人们发现单纯的调和坐标在演化过程中会产生所谓的“坐标激波”(coordinate shock), 将有限距离映射为无穷小, 从而也是一种“病态”结果. 为解决这类问题, 1985 年, 德国数学物理学家弗里德里希 (Helmut Friedrich) 提出了所谓的“广义调和坐标”(generalized harmonic coordinate), 将坐标函数所满足的条件由调和坐标情形下的 $g^{\mu\nu}\nabla_\mu\nabla_\nu x^\alpha = 0$ 改为了更普遍的 $g^{\mu\nu}\nabla_\mu\nabla_\nu x^\alpha = H^\alpha$, 其中 H^α 是可以通过精心选择以排除包括“坐标激波”在内的“病态”结果的函数⑦.

黑洞所带的时空奇点又该如何处置呢? 那种奇点由于是物理奇点, 坐标选择对之是无能为力的, 处置的办法只能是“手术”. 其中一种典型的“手术”叫做“切除”(excision). 具体地说, 就是将黑洞视界内的一个曲面视为额外的边界面 —— 相当于将该曲面以内的黑洞“纵深”区域以及其所包含的时空奇点从时空流形中切除掉. 这种貌似偷懒的手段的有效性仰赖于所谓的“宇宙监督假设”(cosmic censorship hypotheses), 它表明奇点必然被视界所包围, 视界以外不存在奇点, 而且奇点的具体性质不影响视界以外的时空 —— 从而可以切除⑧. 施行“切除”之后, 奇点相当于被额外的边界条件所取代, 从而不再是“雷区”. “切除”方法在数值相对论计算中的成功则在很大程度上可视为是对“宇宙监督假设”的有力支持.

⑦ 调和坐标的坐标函数所满足的条件可参阅第 38 页注 ②.

⑧ 对“宇宙监督假设”感兴趣的读者可参阅拙作《从奇点到虫洞: 广义相对论专题选讲》(清华大学出版社 2013 年 12 月出版) 的第 4 章.

利用上述手段[⑨], 物理学家们展开了对黑洞双星合并过程末期的数值相对论研究, 其中包括了对引力波波形的计算. 计算给出的引力波波形如下图所示[⑩]. 将该图与上一章给出的合并过程初期的引力波波形图相比较, 不难看出两者具有完全匹配的变化趋向, 从而可以非常顺利地相互衔接.

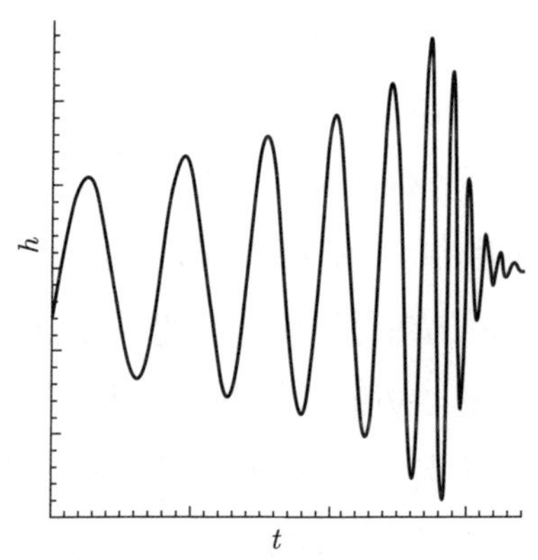

黑洞双星合并末期的引力波波形

在数值相对论计算中, 最早得出重要结果的是一位 1973 年出生在南非约翰内斯堡的物理学家, 名叫普莱托雷斯 (Frans Pretorius). 普莱托雷斯本科学的是计算机专业, 自硕士阶段开始研究黑洞物理学, 博士论文研究的是关于引力坍缩的数值相对论计算, 目前则已

⑨ 需要提醒读者的是, 处理上述问题的手段是不唯一的, 比如与广义调和坐标方案相平行的还有一种所谓的 BSSN 形式 (缩写源自四位研究者 —— Baumgarte, Shapiro, Shibata, Nakamura —— 的姓氏首字母); 比如处理奇点的 "手术" 除 "切除" 之外, 还有所谓的 "穿刺" (puncture), 这些就不细述了. 另外要提醒读者的是, 这些手段在某些环节尚无数学意义上的严格证明. 不过有一点很重要, 那就是用这些手段得到的结果是相互一致的, 从而极大地提升了结果的可信度.

⑩ 当然, 这里展示的只是一种典型的波形, 波幅的绝对标度及相位等等都略去了. 其中波幅的绝对标度跟黑洞双星的质量、与探测器的距离等因素有关, 相位则跟黑洞双星的轨道平面的取向、探测器的取向等因素有关. 另外值得说明的是: 图上的曲线并非全部需要数值相对论计算 —— 比如高峰右侧的衰减部分是所谓的 "铃荡" 阶段, 可以由后牛顿近似给出, 并与数值相对论计算相衔接.

是普林斯顿大学的物理学教授. 为了研究黑洞双星的合并, 普莱托雷斯决定不用别人编写的现成程序 (反正那些程序也从未成功过), 而充分利用自己的计算机专业背景, 亲自编写程序. 他的程序经过几个月的运行之后, 给出了针对等质量、无自转、初始轨道偏心率不超过 0.2 的黑洞双星合并过程末期的计算结果. 2005 年初, 普莱托雷斯在一次相对论会议上宣布了计算结果, 同年晚些时候, 他的题为 "双黑洞时空演化" (Evolution of Binary Black Hole Spacetimes) 的论文发表在了《物理评论快报》上.

普莱托雷斯的研究显示, 对于等质量、无自转、初始轨道偏心率很小的黑洞双星的合并, 整个合并过程中以引力波形式辐射出去的能量约相当于黑洞双星总质量的 5%, 其中漫长的 "死亡序曲" 阶段约占三成 (即辐射出去的能量约相当于黑洞双星总质量的 1.5%), 极为短暂的 "死亡终曲" 阶段 —— 主要是 "合并" 阶段 —— 约占七成 (即辐射出去的能量约相当于黑洞双星总质量的 3.5%). 由于黑洞双星有相当庞大的质量, "合并" 阶段又历时极短, 因而其所对应的辐射功率是极为惊人的, 这一特点我们在前文中已屡次提过, 在后文讲述到具体例子时还会再谈. 普莱托雷斯的研究同时也显示, 这种黑洞双星合并过程终了所形成的克尔黑洞的自转角动量约为最大可能值的 70%.[11]

继普莱托雷斯的初始研究之后, 针对黑洞双星合并的数值相对论计算很快被推向了更复杂的情形, 并且也取得了成果.

比如针对两个黑洞质量不相等 (但维持无自转和初始轨道偏心率很小这两个条件) 的情形, 研究显示, 合并过程中以引力波形

[11] 克尔黑洞自转角动量的最大可能值指的是即将破坏宇宙监督假设时的自转角动量, 对质量为 M 的不带电黑洞来说, 这一自转角动量为 GM^2/c —— 对之感兴趣的读者可参阅拙作《从奇点到虫洞: 广义相对论专题选讲》(清华大学出版社 2013 年 12 月出版) 的第 2.2 节 (要注意的是, 那里的 J 是单位质量的自转角动量).

式辐射出去的能量占黑洞双星总质量的比例, 以及合并终了所形成的克尔黑洞的自转角动量与最大可能值的比值, 都会随质量差异的增加而减小. 此外, 引力波的具体模式也会有微妙的改变 (比如多极展开中的某些高阶项的幅度会增大), 这些特点原则上有助于从引力波波形中反推出两个黑洞的质量之比. 另外, 这种情形下还有一个重要特点, 那就是引力波会携带不为零的总动量, 使得合并终了所形成的黑洞会因辐射引力波而受到反冲, 反冲速度最高可达每秒 175 千米 (在两个黑洞的质量之比 $m_1 : m_2$ 约为 0.36 时达到).

又比如对于有自转 (但维持等质量和初始轨道偏心率很小这两个条件) 的情形, 黑洞双星的合并过程会有很大的额外复杂性. 其中相对简单的是两个黑洞的自转角动量及轨道角动量全都相互平行的情形, 最复杂的则是所有角动量都互不平行的情形 —— 后者的轨道平面本身也会发生进动. 具体的研究显示, 有自转情形下的合并过程中, 以引力波形式辐射出去的能量占黑洞双星总质量的比例, 以及合并终了所形成的克尔黑洞的自转角动量与最大可能值的比值, 都有很宽的变化范围, 且最大值都比相应的无自转情形更大. 此外, 有自转情形下合并终了所形成的黑洞也可以有反冲, 反冲速度最高甚至可达每秒数千千米.

所有这些情形的研究结果合在一起, 构成了一个规模不小的引力波 “模型库”, 这是理论物理学家们为 LIGO 准备的厚礼. 有了这份厚礼, 当 LIGO 观测到引力波时, 只要将观测到的引力波波形与 “模型库” 里的引力波波形相比对, 便可在一定的精度和可信度下推算出黑洞双星的参数.

十九.

致密双星的“死亡终曲”

——物质篇

前面说过, 黑洞双星合并乃是一个完全不涉及物质的纯粹的时空演化问题, 如果说这样的问题是致密双星“死亡终曲”的“真空篇”, 那么致密双星一旦包含了中子星,“真空篇”就必须改为“物质篇”. 对这种“物质篇”, 物理学家们也做了不少研究.

“物质篇”相对于“真空篇”的一个几乎是定义性的巨大复杂性当然是来自物质 —— 且不是普通物质, 而是本身就有很大未知性的中子星物质. 物理学家们对这种物质的物态方程知道得很有限, 对这种物质在合并过程末期的形变、撕裂以及合并产物的抗坍塌能力等等知道得就更有限①. 不仅如此, 由于这种物质的存在, 致密双星的合并不再是纯粹的广义相对论问题, 而是会在合并过程中涉及引力波以外的辐射, 比如极强的中微子辐射, 以及被称为伽马射线暴 (Gamma Ray Burst) 的极强的电磁辐射, 其中后一特点是辨识此类致密双星合并的重要途径 —— 即如果在探测到引力波的同时还观测到来自同一方向的伽马射线暴, 参与合并的致密双星就很可能包含中子星.

包含中子星的致密双星有两种类型, 我们先谈谈中子星双星. 对于中子星双星的合并, 如果两个中子星都是类似赫尔斯-泰勒双星里的那种质量为太阳质量 1.2—1.8 倍的典型中子星, 合并产物有几种可能性: 对于双星总质量在 2.6—2.8 倍太阳质量以下的致密双星, 合并产物很可能是一个具有极高温度、极快自转的中子星; 对于双星总质量在 2.6—2.8 倍太阳质量以上的致密双星, 合并产物则有可能是黑洞 —— 具体的界限跟物态方程有关. 此外, 在合并产物是黑洞的情形下, 黑洞的形成既有可能是立刻的 —— 即直接坍塌成黑洞, 也有可能经历一个延迟坍塌的过程, 因为合并产物的高温

① 不过随着计算能力的提升, 对中子星物质的模拟已逐渐能涵盖越来越多的物理因素, 其中包括复杂的核相互作用. 当然, 由此引进的参数也很多, 使此类模拟远不像模拟黑洞双星合并那样确定.

和高速旋转都是抗拒坍塌的因素, 在某些微妙的条件下, 这些抗拒坍塌的因素可以阻止黑洞形成, 但这种阻止是短暂的, 因为旋转会因辐射引力波等因素而减慢、高温也会因中微子辐射、电磁辐射等因素而降低, 当这些抗拒坍塌的因素消退到一定程度时, 所谓的延迟坍塌就会发生②.

除合并产物的 "多元化" 外, 中子星双星合并的另一个不同于黑洞双星合并的地方是: 中子星双星合并通常会因激波、巨大的潮汐力等缘故抛射出一些富含中子的物质碎片 (具体数量与物态方程有关, 粗略估计约为太阳质量的零点几倍). 这种物质碎片可以经由诸如快速中子俘获过程 (rapid neutron-capture process, 简称 r-process) 那样的核反应合成重元素, 其中包括连恒星内部 "反应炉" 都无法有效合成的重元素, 比如 "金子" (金和铂)③.

包含中子星的致密双星的另一种类型是中子星–黑洞双星. 对于中子星–黑洞双星的合并, 合并产物显然是黑洞 —— 在这点上不像中子星双星合并那样 "多元". 不过中子星–黑洞双星的合并依然有巨大的复杂性, 具体情形视黑洞与中子星的质量比, 以及中子星物质的物态方程而定. 比如中子星何时会被黑洞的潮汐力所撕裂就既取决于黑洞与中子星的质量比, 也取决于中子星物质的物态方程. 另外, 中子星被撕裂时是位于黑洞的 "最内侧稳定圆轨道" (Inner most Stable Circular Orbit, 简称 ISCO) 的外侧还是内侧也有很大区别, 前者情形下一部分中子星物质会残留在黑洞周围的 "稳定圆轨道" 上形成吸积盘, 后者情形下则全部中子星物质都会因无法

② 这一延迟是很短暂的, 据估计很可能不超过数十毫秒.

③ 恒星内部 "反应炉" 所能产生的最重元素是铁, 快速中子俘获过程被认为是产生更重元素的主要机制, 这种机制的要点在于: 当中子密度极高时, 某些原本就较重的原子核 —— 比如铁原子核 —— 能以压倒衰变速度的方式快速吸收中子, 从而有机会产生更重的元素.

维持稳定轨道而被黑洞吞噬, 基本不留吸积盘.

数值相对论计算给出的包含中子星的两类致密双星合并末期所发射的引力波波形如下图所示, 其中不同灰度的曲线对应于不同的物态方程. 由图中可以看到, 由于对物态方程缺乏了解, 我们对包含中子星的致密双星合并的数值相对论计算具有较大的不确定性, 对引力波波形也只能作出相对粗糙的预言 —— 尤其是针对短暂而重要的 "合并" 阶段④. 不过也没什么可沮丧的, 因为理论遭遇困难的地方, 往往正是观测得以彰显之处, 未来引力波天文学的一个迷人课题, 就是利用引力波来窥视甚至在一定程度上反推中子星的结构, 中子星物质的物态方程, 以及作为合并产物的黑洞周围是否有吸积盘之类的细节 —— 就像用光学望远镜探索天体一样. 当然, 这对引力波探测器的精度要求是很高的.

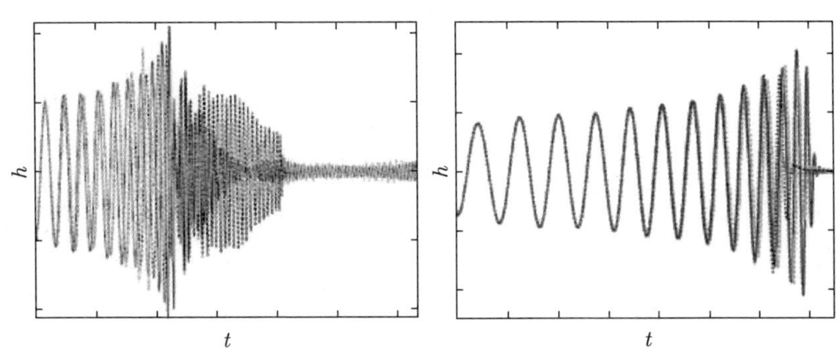

(左) 中子星双星合并末期的引力波波形;

(右) 中子星–黑洞双星合并末期的引力波波形

④ 从图中还可看到, 中子星–黑洞双星合并末期的引力波波形要比中子星双星的 "干净" 得多, 这是因为黑洞是比中子星纯粹得多的天体, 因此哪怕双星之中有一者是黑洞, 也能大大增加理论计算的确定性.

二十. GW150914——黑洞双星合并的发现

随着针对致密双星合并的理论计算 —— 尤其是关于合并末期的数值相对论计算 —— 的积累, 因 LIGO 而摆在理论物理学家面前的三个理论问题就算全部有了答案. 在此期间, 名为 "高级 LIGO" 的升级工程也顺利推进着, LIGO 对引力波的探测逐渐接近了 "万事俱备" 的状态.

2014 年 3 月, "高级 LIGO" 的设备安装大功告成, 开始转入漫长而细致的测试、微调和校准阶段. 在这一阶段, LIGO 间或地处于被称为 "工程运行" (Engineering Run) 的非正式运行状态.

经过一年半的努力, 到了 2015 年 9 月初, LIGO 的灵敏度已达预期. 按原计划, 测试、微调和校准应于此时结束, LIGO 将转入被称为 "观测运行" (Observing Run) 的正式运行阶段. 然而精益求精的工程人员发现若干附属系统尚有一些小问题要处理, 某些测试也尚需一小段时间才能完成. 这种小延误对几乎所有大工程都是不鲜见的, 于是, 在经过一番讨论后, LIGO 的 "观测运行" 起始日期被顺延了一小段时间.

2015 年 9 月 14 日, 原本该处于 "观测运行" 阶段的 LIGO 因起始日期的顺延, 依然处于所谓的 "第八轮工程运行" (Engineering Run 8, 简称 ER8 或 E8) 之中.

没有人意识到, 这一天将被载入史册.

这一天的协调世界时 (Coordinated Universal Time, 简称 UTC, 是格林尼治标准时间的 "现代版") 上午 10 时 56 分, LIGO 成员之一的意大利博士后德拉戈 (Marco Drago) 在 LIGO 的内部邮件系统中发了一封电子邮件, 报告了一个 "非常有趣的事件". 邮件的内容是:

在过去的一小时内 cWB 在 GraceDB 中存入了一个非常有趣的事件.

……

经快速研究, 我们意识到这未被标注为硬件注入. 有人能确认这不是硬件注入吗?

这封后来变得颇为出名的邮件里提到的 “GraceDB” 是 “引力波候选数据库” (Gravitational Wave Candidate Database) 的缩写, 该数据库存储的是 LIGO 探测到的数据之中按各种分析手段筛选出来的可能有价值 —— 即有 “候选” 价值 —— 的信号. 那些信号是通过若干信息传输通道存入的, 每个信息传输通道对应于一定的分析手段. 邮件里提到的 “cWB” 便是其中一个信息传输通道的名称缩写①.

德拉戈提到的 “非常有趣的事件” 出现在大约一小时之前 —— 确切地说是协调世界时 2015 年 9 月 14 日上午的 9 时 50 分 45 秒. 那一时刻附近, LIGO 的两个观测台 —— 利文斯顿观测台和汉福德观测台 —— 在相隔约 7 毫秒的时间内先后记录下了一组信号.

那两组信号抵达时, 分别是利文斯顿观测台的清晨 4 时 50 分 45 秒和汉福德观测台的凌晨 2 时 50 分 45 秒, 两个观测台的科学家们除个别值班者外, 大都还在睡眠状态. 两个观测台的声音警示器 —— 也许是尚未进入 “观测运行” 之故 —— 当时亦未开启, 因此连值班者也并未留意到信号的出现.

但 LIGO 的自动程序忠实执行着自己的职责. 几秒钟后, 这两组信号经由 “cWB” 这一信息传输通道存入了引力波候选数据库.

那么, 德拉戈又是如何留意到这两组连值班者也未留意的信号呢?

德拉戈当时其实既不在利文斯顿观测台也不在汉福德观测台,

① 具体地说, “cWB” 是 “coherent Wave Burst” (相干波暴) 的缩写, 该信息传输通道是通过两个 LIGO 观测台探测到的信号之间的相关性来筛选爆发式的引力波. 另外顺便说明一下, 邮件中被我们省略的中间部分是有关具体数据的 LIGO 内部网址.

甚至根本不在美国, 而是在欧洲. 但信息时代的 “大科学” 项目早已跨越了地域界限, LIGO 更是自巴里什对组织架构作出调整 (参阅第十三章) 之后就成了跨地域科学项目的典范. 德拉戈人虽在万里之外, 却编了一个小程序 “监视” 着引力波候选数据库, 随时向自己 “汇报” 可疑事件. 因此那两组信号一进入引力波候选数据库, 他几乎立即收到了来自自己程序的邮件提醒. 而且这时他的不在美国反而成了优势, 因为收到邮件提醒时, 正是他的中午时分, 而不像利文斯顿观测台和汉福德观测台的科学家那样处于睡眠状态.

不过这种邮件提醒德拉戈几乎每天都会收到, 本身并不稀奇, 而且以往那些都在初步核验之后就被排除了. 但这次的信号有所不同, 不仅非常鲜明, 而且经受住了初步核验, 因此他在内部邮件系统中报告了这一事件.

但这一事件的复杂性在于事件发生在 “工程运行” 而非 “观测运行” 期间. 这两者的一个重大差别在于: “工程运行” 期间探测到的信号有可能不是真实信号, 而是工程人员出于测试目的人为注入的虚假信号 —— 即德拉戈邮件里提到的 “硬件注入” (hardware injection), 因此德拉戈要在邮件中询问 “有人能确认这不是硬件注入吗”.

硬件注入很快就被排除了, 9 月 16 日, LIGO 高层经过排查, 在内部邮件中确认了这一事件并非硬件注入. 而 LIGO 的高度复杂性足以排除个别成员对数据进行秘密 “恶搞” 的可能性.

排除了硬件注入及秘密 “恶搞” 的可能性, 事件的性质就变得引人注目了.

更重要的是, 这一事件所涉及的信号不仅非常鲜明, 还被两个观测台同时探测到; 信号的波形则不仅在两个观测台之间有很好的吻合, 还跟理论计算定性相符, 这一切都非同小可. 毫无疑问, 这样的事件需要一个专门的标识. 按照 LIGO 的标识规则, 它被标记为了 GW150914—— 读者不难猜到, “GW” 是 “引力波” 的英文缩写, “150914” 则是事件被记录的日期. 为行文简洁起见, 在下文中, GW150914 (以及诸如此类的标识) 除用来标识事件外, 还将被用于指代事件中探测到的信号.

虽然对事件的标识明确了引力波 (“GW”) 这一定性, 但有韦伯的前车之鉴, LIGO 对 GW150914 的处理采取了极为谨慎的态度, 在 9 月 16 日的内部邮件中要求所有成员对 GW150914 严格保密. 9 月 21 日, 另一封内部邮件重申了保密要求. LIGO 并且向成员提供了一份应对外界询问的标准答案, 在不撒谎的前提下, 最大限度地利用语言的模棱两可等手段进行规避②.

不过 LIGO 是一个成员上千的大群体, 在现代社会, 要想严守一个足够多人知道的秘密几乎是不可能的. 9 月 25 日, 距离 LIGO 要求成员保密的第二封内部邮件仅隔 4 天, 美国亚利桑那州立大学 (Arizona State University) 的物理学家克劳斯 (Lawrence M. Krauss) 就在推特 (twitter) 上发布了一条短讯, 表示听到了 LIGO 探测到引力波的传闻. 不过 LIGO 的保密工作也并非毫无成效, 克劳斯虽听到了传闻, 却无法确认其可靠性, 只表示若传闻属实会发布进一步消息.

LIGO 之所以要对 GW150914 严格保密, 一方面是怕轻率发布消息 —— 尤其是倘若消息最终被证实为错误 —— 会损及 LIGO 乃至科学界的声誉; 另一方面, 也确实有许多幕后工作要做. 我们在第十七章中曾经提到, LIGO 相对于 “韦伯棒” 的一个有着本质意义的

② 除韦伯的前车之鉴外, 促使 LIGO 采取这一态度的还有另一个前车之鉴, 那就是 2014 年 3 月, 科学家们宣布或曰透露了一则跟所谓 “原初引力波” 有关的观测发现, 却在不久之后被证实为是将干扰错当成了信号 —— 关于这一事件, 可参阅拙作《霍金的派对: 从科学天地到数码时代》(清华大学出版社 2016 年 4 月出版) 的序言.

优越之处, 是 LIGO 能对信号的具体形式进行检验. 因此, LIGO 科学家们必不可少的一项幕后工作就是对探测到的信号波形进行复核与分析, 并且与引力波 "模型库" 里的波形进行比对, 以进一步判断信号的可信度.

此外, LIGO 内部对 GW150914 还有一种基于概率的疑虑. 这种疑虑是这样的: LIGO 是从 2015 年 9 月初才展开高灵敏度探测的, 却居然在 9 月 14 日就快速探测到了第一次信号, 似乎过于巧合③. 与许多其他领域巴不得出现合乎心意的巧合, 甚至爱拿巧合做文章不同, 科学家对巧合是颇怀戒心的, 因为人最容易在合乎心意的巧合面前丧失客观、陷于轻信. 因此, 许多 LIGO 科学家在对信号展开复核与分析的同时, 也愿意利用这种必要的迟滞来等待别的信号 —— 因为从概率的角度讲, 信号的探测频率越高, 快速探测到第一次信号就越远离巧合, 从而也越可信; 反之, 若迟迟探测不到别的信号, 则快速探测到第一次信号就越显得巧合, 从而也越可疑. 这种基于概率的疑虑在一定程度上也体现了科学观测必须能重复的思想, 虽然引力波探测并非简单意义上的可重复探测④.

幸运的是, 在接下来的几个月里, LIGO 在若干方面同时取得了成果. 首先是探测到的信号与引力波 "模型库" 里黑洞双星合并的波形比对得出了很正面的结果. 这可以从下图中看出: 下图中上面

③ 我们前面提到, 记录到 GW150914 的那一天 —— 即 2015 年 9 月 14 日, LIGO 尚处于所谓的 "第八轮工程运行" 阶段. 不过后来的某些 LIGO 论文将之归入了 "第一轮观测运行" (Observing Run 1, 简称 O1) 阶段, 并以 9 月 12 日作为该阶段的起始时间. 这跟 LIGO 官方网站给出的 "第一轮观测运行" 的起始日期有出入 (后者为 2015 年 9 月 18 日), 有可能是一种回溯式的界定, 即在回溯后认定, 自 9 月 12 日开始, LIGO 的运行具有观测运行的品质. 由于 9 月 12 日这一日期的采用, LIGO 在 9 月 14 日就快速探测到第一次信号这一巧合, 有时被描述为展开正式观测后仅隔一天就探测到了引力波.

④ 当然, 这种基于概率的疑虑也有一定的方式来疏解, 比如考虑到 "高级 LIGO" 在探测能力上的长足进步, 它每天的探测抵得上 "初级 LIGO" 一个月的探测. 从这个角度讲, LIGO 快速探测到第一次信号就不那么扎眼了 (虽然不过是心理游戏).

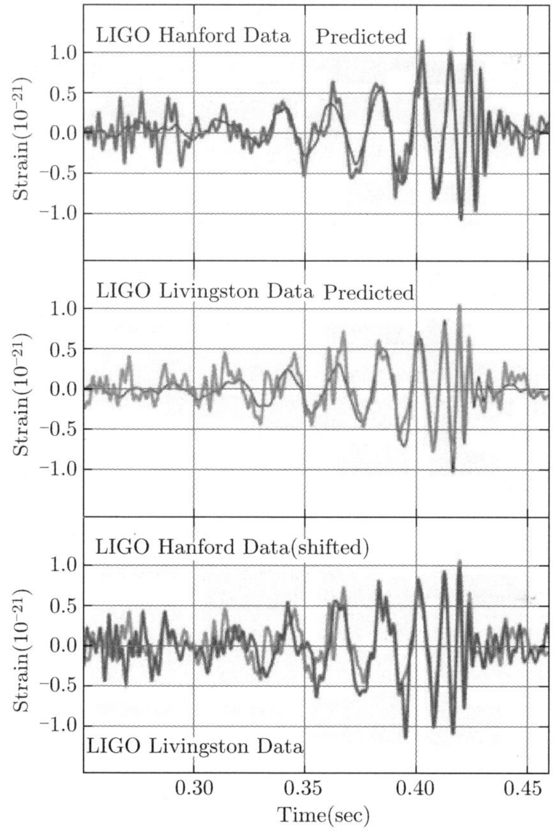

GW150914 的波形图

两幅小图分别是汉福德观测台和利文斯顿观测台探测到的信号波形, 其中的光滑曲线是与之匹配的 "模型库" 里的黑洞双星合并波形 —— 也就是广义相对论的预言; 下面一幅则是消除了引力波抵达两个观测台的 7 毫秒左右的时间差之后, 两个观测台探测到的信号波形的对比. 这些小图虽噪声明显可见, 但同样明显可见的是: 信号 —— 尤其是合并末期的信号 —— 远高于噪声, 足以很好地显示出两个观测台探测到的信号波形相互匹配, 以及跟广义相对论预言的明显吻合. 具体的概率分析也显示出观测到的信号是引力波信号的可信度极高, 出自巧合的概率小于千万分之二 (2×10^{-7}), 或者用 “行话” 来说, 对应于 5.1σ (σ 为标准差). 因此, 单凭这一条, 就可以很有信心地得出结论: GW150914 是引力波信号.

另一方面的成果是: 同年的 12 月 26 日, 协调世界时凌晨 3 时 38 分 53 秒, LIGO 又探测到了一组较强的信号, 被标记为 GW151226⑤. 这组锦上添花的新信号的出现基本消除了基于概率的疑虑.

随着分析的深入和疑虑的消除, LIGO 科学家们的论文也在反复修订中逐渐成形, 在这期间, 保密工作未再出现明显漏洞, 克劳斯的传闻像缺了燃料的火苗, 渐渐熄灭了. 时间悄然进入了一个新的年头, LIGO 科学家们的论文即将完成.

但就在这时, 2016 年 1 月 11 日, 消息灵通的克劳斯卷土重来, 再次在推特上发布短讯, 称先前听到的传闻已得到独立渠道的证实, 引力波确实已被发现. 英国的《卫报》(The Guardian)、《自然》(Nature) 杂志的网站、美国的《天空和望远镜》(Sky and Telescope) 杂志等也都作了报道. 不过 LIGO 仍不予证实, 只宣称正在分析数据.

一个多星期之后, 2016 年 1 月 21 日, 著名期刊《物理评论快报》收到了来自 LIGO 的题为 “来自黑洞双星合并的引力波观测” (Observation of Gravitational Waves from a Binary Black Hole Merger) 的论文.《物理评论快报》不仅是顶尖的物理期刊, 而且在保密方面相当配合 LIGO, 据说 LIGO 的论文在编辑部内被冠以 “大论文” (Big Paper) 的别称, 以避免无意中被人听去 (不过这恐怕是幽默意味多于保密 —— 真要保密的话, “小论文” 或许是比 “大论文” 更不引人注目的别称).

---

⑤ 除这组信号外, 在同年的 10 月 12 日, 协调世界时上午 9 时 54 分 43 秒, LIGO 还记录了一组较弱的信号, 但可信度没有高到能被确认的地步.

1 月 31 日, LIGO 的论文经过同行评议被《物理评论快报》正式接受. 从最早的版本算起, 此时的论文已是第 12 次修订版.

2 月 8 日, LIGO 正式宣布将在 2 月 11 日美国东部时间上午 10 时 30 分召开新闻发布会⑥.

2 月 11 日, LIGO 的论文正式刊出, 新闻发布会也如期召开. 这便是我们在本书开篇介绍过的新闻事件, 那一天成了科学界为数不多特别吸引公众眼球的日子. LIGO 探测到引力波的消息所激起的广泛兴趣, 不仅 —— 如我们在本书开篇所说的 —— 一度使 LIGO 网站因访客过多而瘫痪, 甚至还殃及了并非以普通大众为服务对象的《物理评论快报》网站, 使后者不得不紧急添加服务器. 后来的统计显示, 新闻发布会当天, LIGO 那篇纯学术性的论文被下载了 25 万次之多⑦.

LIGO 那篇论文有大约一千名作者, 分布在十几个国家的几十所大学或研究院, 截至当时为止, 是有史以来作者最多的论文之一. 而且对那些作者中的大多数来说, 那篇论文也许将是他们一生最重要的论文. 一篇论文标志着近千人的学术顶峰, 也许是史无前例的.

LIGO 探测到引力波的消息正式发布时, 二十多年前离开 LIGO 的早期技术功臣德雷弗已重病在床 (忘记了德雷弗的读者请温习第十三章), 由他的亲友将消息带给了他. 据说看见波形曲线的一

⑥ 比 LIGO 的这一正式宣布早了数日, "八卦" 界再次展示了巨大能量: 加拿大麦克马斯特大学 (McMaster University) 的物理学家伯吉斯 (Cliff Burgess) 在一封流传到推特上的电子邮件里泄露了一切可以泄露的信息, 其中包括 LIGO 新闻发布会的准确日期 (即 2 月 11 日), 引力波源的类型 (即黑洞双星合并), 以及诸如信号的可信度, 两个黑洞的质量, 合并终了所形成的克尔黑洞的质量之类的技术性信息.

⑦ 在我印象里, 上一次如此吸引公众眼球的科学事件大约是 10 年前的 2006 年 8 月 24 日. 那一天, 国际天文联合会决定了冥王星的 "命运". 如果将这两个科学事件作个比较的话, 那么发现引力波的重要性无疑要远远超过实为 "虚名" 的所谓冥王星 "命运".

刹那, 德雷弗的眼睛闪了一下. 这一刻距离德雷弗的去世只剩一年多的时间, 但科学界没有忘记他, 他密集地获得了来自五个国家的六个科学奖 —— 其中包括来自中国的邵逸夫奖.

距离爱因斯坦提出广义相对论相隔整整一百年, 引力波终于被直接探测到了, 这位 20 世纪最伟大的物理学家的最伟大理论再次得到了验证 —— 而且在很大程度上是对该理论最后一类主要预言的直接验证, 也让爱因斯坦本人再次成了热点. 在这之后不久, 美国物理学家格林 (Brian Greene) 在一次电视访谈中被问及: 隔了这么久还能再次成为热点, 是否意味着爱因斯坦比我们曾经以为的还要 "聪明"? 格林幽默地表示: 爱因斯坦就像无穷大, 说他比我们曾经以为的还要 "聪明" 好比是说比北极点还要北. 确实, 物理学家们对爱因斯坦的敬意是怎么估计都不过分的 —— 但这绝非盲从, 因为若哪个确凿实验能推翻爱因斯坦的某个预言, 物理学家们不仅不会沮丧, 反而会雀跃, 并兴奋地投入新的探索.

除直接探测引力波这一重大成就外, LIGO 的这次探测 —— 如下一章将会展开说明的 —— 还在几个其他方面推进了人类对物理世界的了解: 比如它首次确认了黑洞双星的存在, 并且在很大程度上也是首次确认了恒星级黑洞的质量可以超过太阳质量的 25 倍 (此前很多天文学家认为恒星级黑洞的质量上限为太阳质量的 25 倍). 从某种意义上讲, 此次探测还可视为是对黑洞本身的首次直接观测 —— 因为此前有关黑洞的观测证据全都来自黑洞周围的物质, 此次探测的引力波却是直接来自黑洞双星, 按照光学观测被视为直接观测的传统, 引力波探测毫无疑问也是直接观测.

所有这些共同揭开了与电磁波天文学相平行的引力波天文学的序幕 —— 一个崭新时代的序幕.

二十一.

比全部星星
更“亮”的“黑暗”

讲完了发现故事, 接下来我们简略地分析一下 GW150914——这同时也是对 LIGO 分析模式的简略介绍.

通过细致研究 GW150914 的引力波波形, 科学家们提取出了有关引力波频率的许多信息. 其中一条是: 引力波的频率大体是在 $\tau \approx 0.2$ 秒左右的时间内, 从频率 $f_1 \approx 35$ 赫兹增加到了 $f_2 \approx 150$ 赫兹 (从上一章所附的波形图中可约略看出). 将这一信息代入第十五章的 (15.6) 式便可得到黑洞双星的“啁啾质量” $\mathfrak{M}$ 约为太阳质量的 27 倍, 即 $\mathfrak{M} \approx 27$. ①

不过, “啁啾质量”——按照第十五章的 (15.2) 式——乃是两个黑洞各自质量的组合, 知道了“啁啾质量”并不意味着知道两个黑洞的各自质量. 但即便如此, 知道“啁啾质量”依然是大有收获的, 因为只要用一点中学数学, 我们就能从“啁啾质量”中得出对两个黑洞总质量的简单估计:

$$\begin{aligned} 27 \approx \mathfrak{M} &= \frac{(m_1 m_2)^{3/5}}{(m_1+m_2)^{1/5}} \\ &\leqslant \frac{\left(\dfrac{m_1+m_2}{2}\right)^{6/5}}{(m_1+m_2)^{1/5}} \\ &= (1/2)^{6/5}(m_1+m_2) \end{aligned} \tag{21.1}$$

(21.1) 式中间的不等式想必读者都不陌生, 乃是中学数学里的算术与几何平均不等式 (inequality of arithmetic and geometric means), 它表明两个非负实数 m_1 和 m_2 的几何平均 $(m_1 m_2)^{1/2}$ 不大于算术平均 $(m_1+m_2)/2$.

---

① 我们在第 172 页注 ⑧ 中提醒过, LIGO 的探测频率范围虽宽达 10—10000 赫兹, 但实际上完全有可能只有当引力波的频率达到一个比 10 赫兹更高的数值时才能被探测到. 这里碰到的就是一个具体例子, 低于 35 赫兹的引力波因明显被噪声淹没而无法探测. 如果我们简单地套用以 10 赫兹为探测频率下限的第十五章的 (15.7) 式, 将会得到完全错误的结果.

(21.1) 式意味着 GW150914 背后的黑洞双星的总质量下限为 $27 \times 2^{6/5} \approx 62$, 即太阳质量的 62 倍左右. 这比中子星的质量上限大得多, 故而应该是黑洞双星.

但细心的读者也许会挑刺说, 总质量下限为太阳质量的 62 倍只能说明双星之中起码有一个是黑洞, 却并不能推出两者都是黑洞. GW150914 的背后有没有可能是中子星 – 黑洞双星呢?

这是一根非常好的 "刺", 为拔掉这根 "刺", 我们需要再用一点中学数学. 我们知道, 算术与几何平均不等式有一个小特点, 那就是等号只在两个非负实数相等时才成立, 否则算术平均就会大于几何平均, 两个非负实数若是相差悬殊, 算术平均甚至会显著大于几何平均. 由于这一特点, GW150914 的背后如果是两个质量相近的黑洞, 两者的总质量就会接近太阳质量的 62 倍这一下限; 反之, 则两者的总质量就会大于甚至远远大于下限. 中子星 – 黑洞双星乃是后一种情形, 因此 GW150914 的背后如果是中子星 – 黑洞双星, 那么中子星的质量哪怕尽可能往黑洞方向靠 —— 即达到太阳质量的 3 倍左右这一上限, 黑洞的质量也绝不会只是总质量下限减去中子星质量 —— 即太阳质量的 $62 - 3 = 59$ 倍左右, 而是会大得多. 事实上, 简单的计算表明, 这种情形下的黑洞质量将高达太阳质量的 700 倍以上 —— 读者可将 $m_1 \sim 3$ 和 $m_2 \sim 700$ 代入 "啁啾质量" $\mathfrak{M}$ 的定义, 验证一下这样组合出来的 "啁啾质量" 约为太阳质量的 27 倍. 如果中子星的质量比太阳质量的 3 倍更小, 黑洞的质量还将更大.

因此, GW150914 的背后如果是中子星 – 黑洞双星, 黑洞的质量将会在太阳质量的 700 倍以上. 那么, GW150914 的背后有没有可能存在那样的黑洞呢? 答案是否定的. 因为从对引力波波形的细致研究中, 科学家们提取出的另一条有关引力波频率的信息是: 引力波的最高频率约为 190 赫兹[②]. 读者也许还记得, 我们通过第十五章的 (15.1) 式给出过, 引力波的频率 —— 确切说是主频率 —— 是双星轨道绕转频率的两倍. 因此 190 赫兹的引力波频率对应于 95 赫兹的轨道绕转频率. 另一方面, 质量为太阳质量 700 倍以上的黑洞的视界周长在 13000 千米以上, 哪怕以光速绕转也达不到 95 赫兹的绕转频率. 因此 GW150914 的背后不可能是中子星 - 黑洞双星, 而只能是黑洞双星.

除这条能一锤定音的理由外, 还有一条辅助理由也值得一提. 我们在第十九章中提到过, 中子星 - 黑洞双星的合并会伴以伽马射线暴一类的引力波以外的辐射, 然而在 GW150914 发生时, 并无常规天文台观测到来自同一天区的足够显著的异常, 这虽不构成很强的理由, 起码也跟黑洞双星的合并更相容.

因此, GW150914 的背后是黑洞双星合并. 也因此, 人类对引力波的首次直接探测同时也是对常规天文学无法观测的全新天文现象 —— 黑洞双星合并 —— 的首次观测和首次确认. 从这个意义上讲, 引力波天文学是在常规天文学看不见的“黑暗”里“闪亮登场”的.

这常规天文学看不见的“黑暗”究竟是一种怎样的“黑暗”呢? 我们再作一些补充介绍.

我们前面提到过, 科学家们对黑洞双星合并已做过大量理论研究, 研究结果构成一个引力波“模型库”. 这一“模型库”除了能定性确认 GW150914 是引力波信号外, 还可给出更强的推论 —— 因为

② 我们在前文中曾用引力波的频率在 0.2 秒左右的时间内, 从大约 35 赫兹增加到 150 赫兹左右来计算“啁啾质量”, 不过那里提到的 150 赫兹只是引力波振幅最大时的频率, 而不是引力波的最高频率 (确切说是探测到的最高频率), 后者约为 190 赫兹 —— 此时两个黑洞的绕转速度已高达光速的 1/3 左右, 彼此的视界已开始融合, 引力波的振幅则已开始下降.

通过将探测到的信号与“模型库”里的引力波波形相比对,我们可以推算出与观测结果最匹配的黑洞双星的具体参数. 推算的结果是: 两个黑洞的质量分别约为太阳质量的 36 倍和 29 倍 —— 因而是首次确认了恒星级黑洞的质量可以超过太阳质量的 25 倍③. 此外,我们还可推算出合并终了所形成的克尔黑洞的参数. 推算的结果是: 克尔黑洞的质量约为太阳质量的 62 倍, 角动量约为最大可能值的 68%④.

细心的读者也许注意到了黑洞双星的初始总质量 (即太阳质量的 $36+29=65$ 倍) 大于合并终了所形成的克尔黑洞的质量 (即太阳质量的 62 倍), 两者大约相差了 3 个太阳质量. 这 3 个太阳质量哪里去了呢? 读者应该能猜到, 是以引力波的形式辐射出去了. 由于我们在第十八章中介绍过, 这部分能量的 70% (即约为太阳质量的两倍) 是在极为短暂的“死亡终曲”阶段 —— 尤其是“合并”阶段 —— 辐射出去的, 而从 GW151226 的波形图中可以看到, 该阶段的历时只有零点零几秒. 这意味着 GW151226 背后的黑洞双星合并末期的引力波辐射功率可以达到每秒上百个太阳质量的量级. LIGO 科学家们的分析证实了这一判断. 具体地说, 分析显示的引力波辐射的峰值功率达到了每秒 200 个太阳质量或相当于 3.6×10^{49} 瓦.

我们在第六章中提到过, 每秒辐射掉一个太阳质量或 10^{47} 瓦的引力波辐射功率就已经可以跟可观测宇宙中所有星星辐射功率的总和相提并论, 因此, GW150914 背后的引力波辐射的峰值功率比可观测宇宙中所有星星辐射功率的总和还要高出两个数量级. 如

③ 有意思的是, 索恩在 1994 年出版的《黑洞与时间弯曲》(Black Holes & Time Warps) 一书中曾经描写过一对质量均为太阳质量 24 倍的黑洞组成的黑洞双星及其合并, 其规模与 GW150914 背后的黑洞双星相当接近. 在 LIGO 宣布首次探测到引力波的新闻发布会上, 韦斯特意提到了这一点. 当然, 这种接近也许只是来自恒星级黑洞的质量上限为太阳质量 25 倍这一当时流行的观念.

④ 所有这些推算都有 10% 左右的误差.

果说我们在第六章中只是从理论上推测出强引力场天体的引力波辐射功率可以超过可观测宇宙中所有星星辐射功率的总和, 那么现在我们是通过实际探测到的引力波验证了这一判断.

当然, 对我们这种无法“看”到引力波的生物来说, 黑洞双星的合并是完全黑暗的. 但假如宇宙的某个角落存在某种能像我们“看”到特定波段的电磁波那样看到引力波的生物, 那么对他们来说, 这种比全部星星更“亮”的“黑暗”将是宇宙中最耀眼的事件⑤.

知道了黑洞双星的具体参数, 我们还可推算出它离我们的距离. 这是因为, 知道了黑洞双星的具体参数, 就可以如上面分析的那样知道引力波的辐射功率, 将之与实际探测到的引力波信号的强度相对比, 便可推算出引力波源 —— 即黑洞双星 —— 与我们的距离 (因为引力波源与我们的距离直接影响到我们探测到的引力波信号的强度). 推算的结果是: GW150914 背后的黑洞双星离我们约有 440 Mpc (约合 14 亿光年)⑥.

此外, 由于有利文斯顿和汉福德两个观测台, 我们还可推算出引力波源的大致方位 —— 就像用两只耳朵可以判断出声音方位一样. 推算的结果是: GW150914 背后的黑洞双星在大麦哲伦云 (Large Magellanic Cloud) 方向 —— 由于大麦哲伦云在赤纬 (Declination) 较高的南半球星空里, 因而纬度偏南的利文斯顿观测台比纬度偏北

⑤ 从某种意义上讲, 黑洞双星合并乃是当今物理学所能描述的最剧烈的爆炸. 比它更剧烈的爆炸 —— 宇宙大爆炸 —— 被认为超出了单纯广义相对论的范畴, 需要一个迄今尚未建立起来的所谓量子引力 (quantum gravity) 理论来描述. 而且宇宙大爆炸当然不会是宇宙内的任何生物能直接“看”到的. 另外值得指出的是, 3.6×10^{49} 瓦这一峰值功率虽然惊人, 但跟我们在第六章中提到过的普朗克亮度相比仍低了两个数量级以上, 因此时空本身不至于发生诸如撕裂之类广义相对论无法描述的现象.

⑥ 确切地说, 这是所谓的光度距离 (luminosity distance), 即通过辐射体的光度推算出的距离, 由于宇宙膨胀会使辐射体的光度减小, 从而使得它看起来比实际的更远, 因此光度距离比当前时刻下的所谓本征距离 (proper distance) 更大 —— 对 GW150914 来说, 大了约 10%. 后文提到的其他引力波源的距离也是光度距离, 将不再一一注释.

的汉福德观测台早了 7 毫秒探测到引力波⑦.

由于黑洞双星离我们如此遥远, 因此我们探测到的黑洞双星合并其实早在十几亿年前就已发生. 那时地球上的生物还处于细胞层次. 在引力波扫过浩瀚空间的十几亿年的时间里, 地球上的生物往着越来越复杂的方向进化着, 并终于进化成了被称为 “人” 的智慧生物. 当引力波扫过大麦哲伦云时, 地球上的人刚刚披上很原始的 “衣服”; 当引力波离地球还剩 100 光年时, 地球上一位名叫爱因斯坦的人刚刚预言了引力波的存在; 当引力波离地球还剩 50 光年时, 爱因斯坦的追随者们刚刚开始尝试引力波的探测; 当引力波离地球还剩 20 光年时, LIGO 的两个观测台刚刚开始建设; 当引力波离地球只剩几 “光日” 时, LIGO 刚刚展开高灵敏度的引力波探测 …… 最终, 当引力波经过十几亿年的漫长时光, 完成了十几亿光年的漫长跋涉抵达地球时, 恰好被 LIGO 探测到.

这也许是对人类首次探测到引力波的最戏剧性 —— 并且也最浪漫 —— 的表述.

---

⑦ 顺便给读者出一个近乎 “脑筋急转弯” 的小题目: 我们在第十三章中介绍过, 利文斯顿观测台与汉福德观测台相距约 3000 千米, 这意味着哪怕以光速穿行, 从一个观测台到另一个观测台也需 10 毫秒的时间, 为什么两个观测台探测到引力波的时间只相差 7 毫秒左右?

二十二.

更小、更远、更准

GW150914 是一个里程碑式的成就, 不过 LIGO 的成功不能只靠一次成就. 事实上, 如我们在第二十章中提到的, 探测到 GW150914 之后的一段时间内, LIGO 内部对 GW150914 有一种基于概率的疑虑, 消除这一疑虑的则是三个多月后探测到的另一组信号: GW151226.

经过与 GW150914 类似的分析, 科学家们判断出了 GW151226 背后也是黑洞双星的合并 —— 但规模比 GW150914 小, 两个黑洞的质量分别约为太阳质量的 14 倍和 7.5 倍. 在合并过程中, 约有一个太阳质量以引力波的形式辐射了出去. GW151226 相比于 GW150914 的一个特殊之处, 是合并前的两个黑洞中至少有一个具有显著的角动量 —— 很可能不小于最大可能值的 20%, 合并终了所形成的克尔黑洞的角动量则高达最大可能值的 74% 左右. GW151226 与我们的距离跟 GW150914 差不多, 也是约 440 Mpc (约合 14 亿光年). 由于双星规模比 GW150914 小, 距离却差不多, 因此 GW151226 的信号没有 GW150914 的那样强. 事实上, GW150914 在截至 2017 年年底前 LIGO 探测到的所有引力波信号中是最强的, 这一特点最大限度地成就了初次探测的轰动效应, 对 LIGO 来说无疑是幸运的 —— 因为否则的话, 无论可信度还是对广义相对论的验证程度都会有所降低, 初次探测到引力波的轰动效应也会打上折扣.

2016 年 6 月 15 日, LIGO 正式发表了有关 GW151226 的论文.

探测到 GW151226 之后不久的 2016 年 1 月 19 日, LIGO 的 "第一轮观测运行" 结束, 转入了为期十个月左右的新一轮设备维护和更新. 然后, 从 2016 年 11 月 30 日到 2017 年 8 月 25 日, LIGO 展开了 "第二轮观测运行", 继续倾听时空的乐章 ……

"第二轮观测运行" 展开一个月零五天之后, 2017 年 1 月 4 日, LIGO 第三次探测到了引力波信号: GW170104. 这组信号来自一对质量分别约为太阳质量 31 倍和 19 倍的黑洞双星的合并. 在合并过程中, 约有两个太阳质量以引力波的形式辐射了出去. GW170104 在截至 2017 年年底前 LIGO 探测到的所有引力波信号中, 是引力波源离我们最远的, 距离约为 880 Mpc (约合 29 亿光年)①.

2017 年 6 月 1 日, LIGO 正式发表了有关 GW170104 的论文.

有关 GW170104 的论文发表后仅隔了一个星期, 2017 年 6 月 8 日, LIGO 第四次探测到了引力波信号: GW170608. 这组信号来自一对质量分别约为太阳质量 12 倍和 7 倍的黑洞双星的合并. 在合并过程中, 约有一个太阳质量以引力波的形式辐射了出去②. 在截至 2017 年年底前 LIGO 探测到的所有源自黑洞双星合并的信号中, GW170608 也有自己的 "之最", 且有两项之多: 一项是所涉及的黑洞双星的总质量最小; 另一项是引力波源离我们最近 —— 相距约为 340 Mpc (约合 11 亿光年).

2017 年 11 月 16 日, LIGO 正式发表了有关 GW170608 的论文.

以上四次探测都是 LIGO 的 "独角戏", 但从 2017 年 8 月 1 日开始, 情形有了变化: 欧洲也有一座引力波观测台投入了观测运行. 那座观测台被称为 Virgo, 名字来源于距我们约 5000 万光年的室女座星系团 (Virgo Cluster) —— 因建设之初的目标是能探测到远在室女座星系团的超新星爆发. 在引力波探测的舞台上, LIGO 几乎占尽了光芒, 但其实, Virgo 的开工建设只比 LIGO 晚了两年 —— 也就是 1996 年开工建设的. Virgo 毗邻伽利略的出生地、意大利名城比萨 (Pisa), 附近的山峦曾为文艺复兴时期的著名雕刻家米开朗基罗 (Michelangelo) 提供过雕刻石材, 可谓是与悠久而灿烂的文化比

① 由于宇宙膨胀, 这一光度距离比当前时刻下的所谓本征距离大了约 20%, 或对应于宇宙学红移值 0.2.

② 经过这些例子, 读者想必已逐渐熟悉了以引力波形式辐射出去的质量占合并前黑洞双星总质量的比例, 这一比例虽跟黑洞双星的许多参数有关, 但对目前所能达到的精度而言, 总是占合并前黑洞双星总质量的 5% 左右, 数字上则只要离整数较近就往往取为整数.

Virgo 引力波观测台

邻而栖. 如今, 新兴的 Virgo 引力波观测台正式加盟到了前沿科学探索中, 开始谱写新的文化篇章. Virgo 的探测臂长度约为 3000 米, 比 LIGO 的稍短.

Virgo 投入观测运行几乎才刚满两星期, 就于 2017 年 8 月 14 日跟 LIGO 一同探测到了一组引力波信号: GW170814 —— 这也是 LIGO 第五次探测到引力波信号. GW170814 来自一对质量分别约为太阳质量 31 倍和 25 倍的黑洞双星的合并. 在合并过程中, 约有 2.7 个太阳质量以引力波的形式辐射了出去. GW170814 的引力波源离我们约有 540 Mpc (约合 18 亿光年). 由于被三座引力波观测台 —— 即两座 LIGO 观测台外加 Virgo —— 同时探测到, 信号源的定位精度大为提高, 由以往的数百乃至上千平方度缩小到了 60 平方度, 遥遥领先地拿下了截至当时为止的定位精度之最. 不仅如此, Virgo 的加盟与 LIGO 共同组成了一个能对引力波偏振状态 (polarization) 进行检验的探测网[③], 而 GW170814 则成为了第一组能对引力波偏振状态进行检验的引力波信号. 检验结果很好地支持了广义相对论[④].

2017 年 9 月 27 日, LIGO 和 Virgo 正式发表了有关 GW170814 的论文[⑤].

不过最令人激动的不是以上这些探测, 而是 ——

GW170814 发现后的第三天, 2017 年 8 月 17 日, LIGO 和 Virgo 迎来了一次更重大的发现: GW170817.

---

③ 对引力波偏振状态进行检验之所以需要 Virgo 的加盟, 是因为两座 LIGO 观测台的探测臂接近相互平行, 因而只对单一偏振模式敏感, 无法辨别更复杂的偏振状态. 不过令我好奇的是: LIGO 的观测台选址虽有地质条件等方面的讲究, 探测臂方向却照说是可以自由选择的, 不知为何要将两座观测台的探测臂选得接近相互平行, 以至于降低了辨别偏振状态的能力? 这个问题在文献中不曾看到答案, 故无法多说.

④ 广义相对论中的引力波只带两个自旋 2 的张量自由度 (参阅第五章), 一般的度规理论则原则上可包含自旋 1 的矢量自由度和自旋 0 的标量自由度. 所谓 "检验结果很好地支持了广义相对论", 是指检验结果不仅与作为纯张量理论的广义相对论相吻合, 而且在一定程度上排斥了纯矢量理论和纯标量理论.

⑤ 其实前几次探测的论文也是以 LIGO 和 Virgo 的共同名义发表的, 只不过观测台是 LIGO, 加之尚未介绍过 Virgo, 故在行文中只提了 LIGO, 这里郑重地给 Virgo "恢复名誉". 另外值得一提的是, GW170814 比 GW170608 晚了两个多月探测到, 论文却反而早了一个多月发布, 处理速度明显更快. 后面要提到的 GW170817 也是如此, 这也许反映了重视程度之别.

二十三.

GW170817
——中子星双星合并的发现

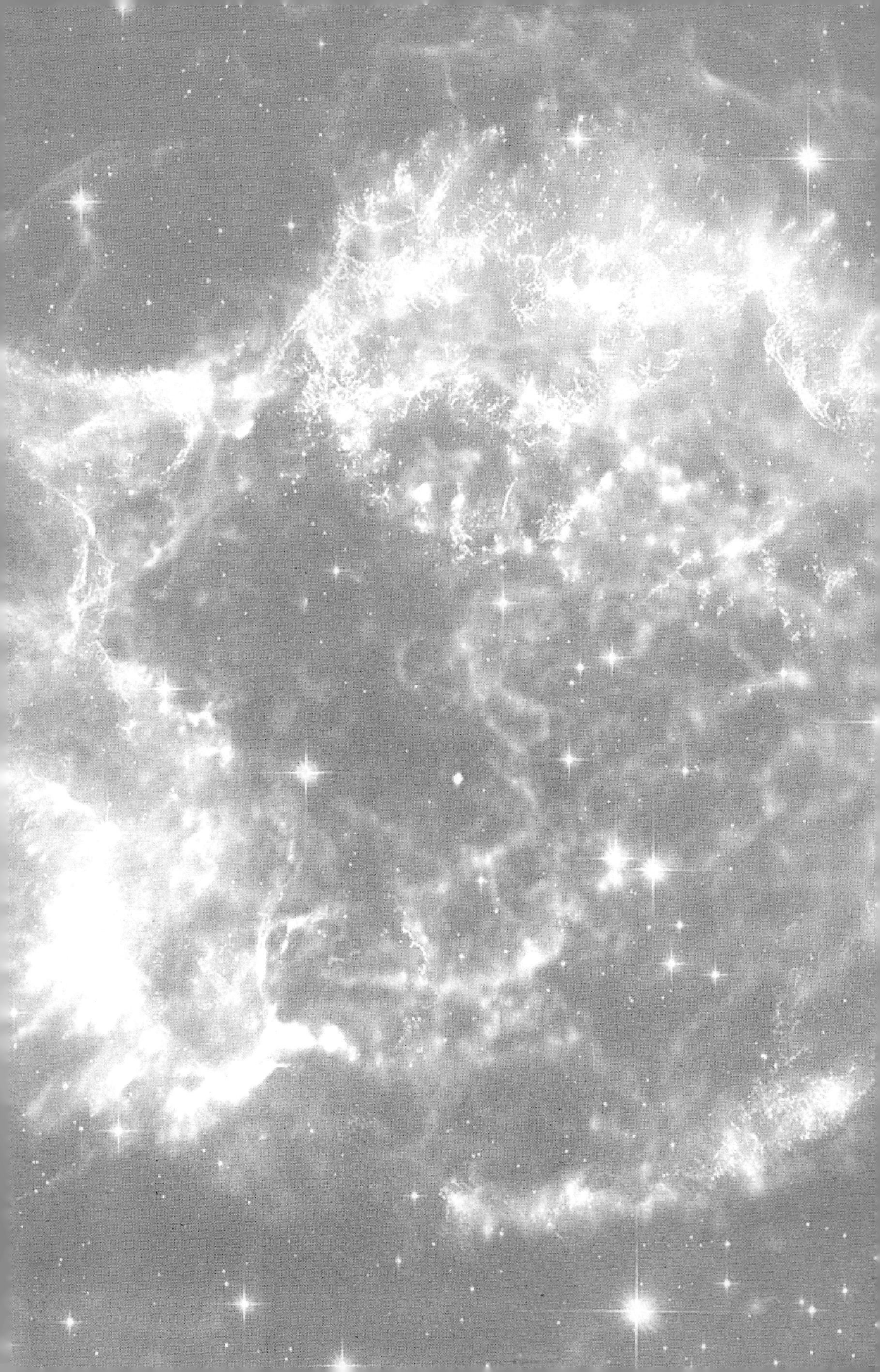

GW170817 之所以被称为 “更重大的发现”, 是因为它是中子星双星合并.

当然, “重大” 是一个容易有歧义的概念, 发现中子星双星合并是否真的比发现黑洞双星合并 “更重大” 是很难说的. 不过科学家是一群爱追 “新” 的人, 在陆续发现了五组黑洞双星合并之后, 黑洞双星合并的新颖性多少有些褪色, 对其他类型致密双星合并的期待则有所增加, 其 “重大” 程度也相应地攀升了.

而更重要的则是, 黑洞双星合并乃是一种 “黑暗” 的爆炸, 除引力波这单一渠道外无迹可寻. 虽然同类结果的反复出现, 以及与广义相对论的高度相符, 足以抵消单一渠道在可靠性上的先天不足, 但科学家们对多渠道交互验证无疑是非常期待的, 中子星双星合并恰恰在这一点上是突破性的, 它的 “重大” 也就理所当然了.

GW170817 的引力波信号持续了大约 100 秒的时间 (比以往任何一次都长得多), 其中双星的合并出现在协调世界时 2017 年 8 月 17 日中午的 12 时 41 分 04 秒左右. Virgo 及两座 LIGO 观测台程度不同地探测到了引力波, 其中 Virgo 最早, LIGO 的利文斯顿观测台滞后 22 毫秒, 汉福德观测台再滞后 3 毫秒.

对黑洞双星合并而言, 以上就该是探测故事的全部, 然而对 GW170817 来说, 它们仅仅是一场观测盛宴的开始 ……

比通过引力波信号所确定的双星合并时刻晚了约 1.74 秒, 一组新的信号以伽马射线的形式抵达了地球附近. 遨游在外层空间的美国费米伽马射线太空望远镜 (Fermi Gamma-ray Space Telescope, 简称 FGST) 记录下了这组历时约两秒的信号, 并自动发布了初步的伽马射线暴警示.

这一来自传统天文学的警示也传给了 LIGO 和 Virgo. 我们在第十三章中提到过, LIGO 在筹备期间曾与传统天文学发生过经费之争, 不过科学界毕竟远比一般世俗机构更富合作精神, 经费之争虽是相互拆台, 却也不无 "亲兄弟明算账" 的意味, 算账归算账, 兄弟依然是兄弟. 事实上, LIGO 以及 Virgo 建成之后, 跟传统天文学保持着非常紧密的 "战略伙伴" 关系, 彼此共享着信息. 虽然此前几次探测到的都是黑洞双星合并, 是 "黑暗" 的爆炸, 传统天文学鞭长莫及, 只能旁观, 但两边的科学家们都期待着引力波天文学与传统天文学交相辉映的那一天, 并为此作好了充分准备.

那一天终于到来了.

40 分钟后, 即协调世界时 2017 年 8 月 17 日下午的 1 时 21 分 42 秒, LIGO 和 Virgo 向 "战略伙伴" 们发布了初步的引力波警示, 并指出了引力波源与中子星双星合并的特征相一致, 时间上则与费米伽马射线太空望远镜探测到的伽马射线暴显著相关.

这些警示让欧洲国际伽马射线天体物理实验室 (INTErnational Gamma-Ray Astrophysics Laboratory, 简称 INTEGRAL) 的科学家们忙碌了起来. 国际伽马射线天体物理实验室也是 "太空望远镜", 也是旨在探测伽马射线暴的, 并且比费米伽马射线太空望远镜更 "资深" (因为早了六年发射). 不过在日新月异的科研领域, "资深" 有时免不了成为某些方面陈旧的代名词, 国际伽马射线天体物理实验室在灵敏度和信息处理速度方面, 都比费米伽马射线太空望远镜逊色, 经过约 40 分钟的 "手动" 排查, 才终于证实了费米伽马射线太空望远镜探测到的伽马射线暴①.

这之后又过了将近 4 个小时, 即协调世界时 2017 年 8 月 17 日下午的 5 时 54 分 51 秒, LIGO 和 Virgo 将引力波源的方位确定到了

① 这次伽马射线暴被标记为了 GRB 170817A. 伽马射线暴的命名规律是: "GRB" 为 "伽马射线暴" 的英文缩写, 数字表示发现日期, 末尾的英文字母标识同一天的各次伽马射线暴 (即 "A" 表示该天的第一次伽马射线暴, "B" 表示第二次, 以此类推). 此外, 在 2010 年之前的命名中, 若同一天只有一次伽马射线暴时, 末尾的英文字母可以省略.

南半球天空中一个范围约 31 平方度的区域内, 并将这一方位信息发送给了所有 “战略伙伴”. 引力波源的距离则被估计为 40 Mpc (约合 1.3 亿光年) 左右.

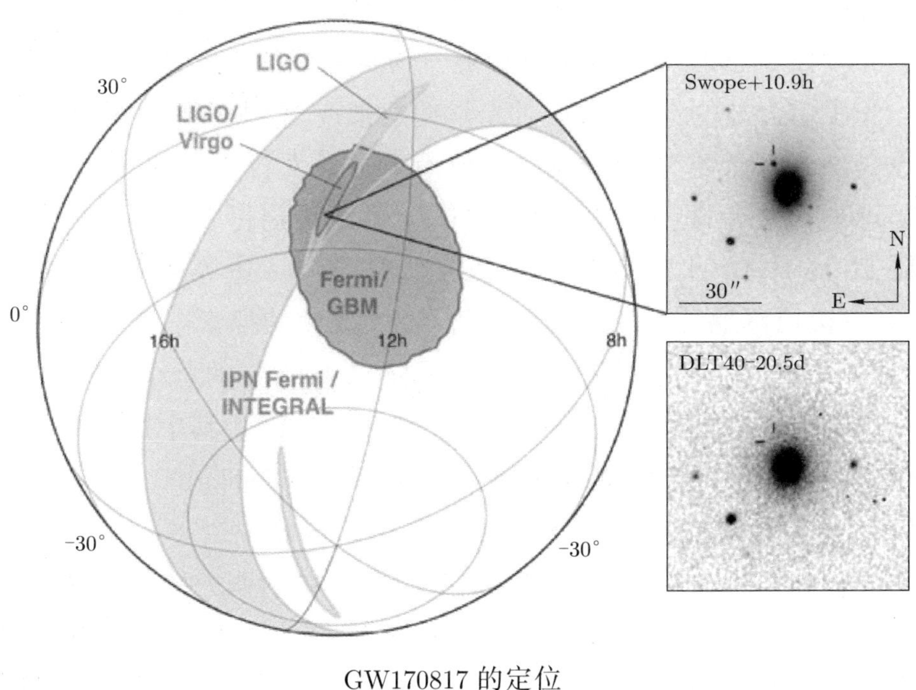

GW170817 的定位

跟以往不同的是, 对 GW170817 的探测哪怕在这一早期阶段, 也同时包含了引力波和伽马射线暴这两个独立渠道, 那么, 对引力波源的这一早期定位究竟仰赖了哪个渠道呢? 答案是引力波. 这可以从上图给出的引力波和伽马射线暴这两个渠道在定位中的作用清晰地看出: 图中两个细长浅灰色区域是 LIGO 给出的定位; 细长深灰色区域是 LIGO 和 Virgo 的联合定位; 较宽的浅灰色带状区域是费米伽马射线太空望远镜与国际伽马射线天体物理实验室的探测时间差给出的定位; 深灰色椭圆形区域是费米伽马射线太空望远镜给出的定位. 很明显, LIGO 和 Virgo 的联合定位是所有定位中最精准的, 而且完全没有被费米伽马射线太空望远镜与国际伽马射线天体物理实验室的定位所加强 (后两者在定位上所起的作用仅仅是确认了彼此相容). 因此对引力波源的这一早期定位可以完全归功于引力波, 归功于 LIGO 和 Virgo②.

方位信息的发布迅速引发了一场全球性的光学搜索.

跟引力波的探测不同, 对光学搜索来说, 地球是不透明的, 因此位于南半球天空中的引力波源使南半球天文台占了地利之便 (北半球的天文台即便能观测, 也往往会受到苛刻得多的时段等条件限制). 8 月 17 日那天的下午, 大批天文学家一边等待南半球的日落, 一边忙碌地从事着观测前的准备. 大规模的搜索于黄昏时展开. 由于有 LIGO 和 Virgo 联合定位的引导, 在接下来的若干小时内, 多个观测组在光学波段上找到了 GW170817 的波源. 其中拔得头筹的是以美国加州大学圣克鲁兹分校 (University of California, Santa Cruz) 的天文学家福利 (Ryan Foley) 为 "核心" 的观测小组.

福利当时在南半球国家智利的拉斯坎帕纳斯天文台 (Las Campanas Observatory) 从事观测. 8 月 17 日下午, 他恰好忙里偷闲地给自己放了半天假, 一位研究生却忽然发来短信, 称 LIGO 和 Virgo 探测到了中子星双星合并, 且伴有伽马射线暴. 福利后来回忆说, 他起初以为研究生在开玩笑, 想要破坏他的休假, 但很快搞清了不是

② 此次 LIGO 和 Virgo 的联合定位有一个比较微妙的地方, 那就是除利用三个探测器的探测时间差外, 还有一个特殊因素 —— 即 Virgo 探测到的信号几乎无法辨识 —— 也可对定位起到助益. 这个貌似负面的因素之所以可对定位起到助益, 是因为从 LIGO 探测到的信号强度看, Virgo 探测到的信号没有理由那么弱的, 除非是信号源恰好位于或接近 Virgo 的几个 —— 确切说是四个 —— 探测死角之一. 仅凭这一点, 就可从 LIGO 给出的两个细长区域中排除一个. 另外从图中还可看出, 假如不存在 Virgo 或 Virgo 完全没有探测到此次的引力波, 则费米伽马射线太空望远镜与国际伽马射线天体物理实验室的定位就也会起到助益, 因为凭它们也可从 LIGO 给出的两个细长区域中排除一个, 并对另一个起到缩小作用 —— 不过缩小作用不如 Virgo 显著.

玩笑, 于是火速赶回天文台, 开始制定观测方案及进行观测前的其他准备. 黄昏后, 福利的研究组利用口径一米的 "斯沃普超新星巡天望远镜" (Swope Supernova Survey Telescope) 在 LIGO 和 Virgo 的联合定位区域中展开了搜索, 并且在拍摄到第 9 张相片时, 在椭圆星系 NGC 4993 中发现了一个以往不存在的亮度为 17 等的新光点 (参阅上文所附的 GW170817 的定位图示右侧的放大框 —— 其中右上框标示的是新光点, 右下框则是同一天区数周前的相片, 该光点尚不存在). 除位置与 LIGO 和 Virgo 的联合定位相一致 (这是显而易见的, 因搜索区域就是由此而来的) 外, 该新光点所属的椭圆星系 NGC 4993 与我们的距离恰好是 40 Mpc (约合 1.3 亿光年), 也跟 LIGO 和 Virgo 的估计相一致 (但误差小得多). 这些, 以及陆续出现的更多证据, 很快证实了这个新光点正是 GW170817 的光学影像.

斯沃普超新星巡天望远镜

光学波段的观测是最古老、最传统的天文学, 然而其优势并未因历史的久远而丧失 —— 因为跟引力波信号及伽马射线暴的稍纵即逝不同, 中子星双星合并在光学波段的辐射虽也会快速衰减, 持续时间毕竟长得多③. 而且一旦观测到光学影像, 定位精度立刻有了巨幅提高 —— 因为 LIGO 和 Virgo 联合定位的面积相当于 150 个满月, 光学影像却是点状的.

定位精度的巨幅提高大大降低了搜索难度, 从而便利了更大规模的搜索.

在接下来的时间里, 各种波段的观测遍地开花, 持续时间从数小时、数日, 到数周, 乃至更久, 参与观测的天文台多达 70 余个, 遍及包括南极洲在内的全球七大洲, 以及外层空间. 以参与观测的设备而论, 称得上是 "十八般兵器齐上阵"—— 其中包括中国南极昆仑站的巡天望远镜 AST3-2. 从观测渠道上讲, 则由低频至高频, 涵盖了包括射电、红外、可见光、紫外、X 射线、伽马射线在内的整个电磁波段. 这一切再加上引力波, 构成了一个近乎完美的观测链④.

经过这种大规模的搜索和观测, 可以相当有把握地确定: GW170817 是大约 1.3 亿年前发生在椭圆星系 NGC 4993 内的一次中子星双星合并.

---

③ 中子星双星合并在光学波段的辐射的持续时间 (确切说是能被探测的时间) 视波段和观测设备的灵敏度而异, 多为数天至数周, 跟引力波的 100 秒及伽马射线暴的两秒相比无疑长得多. 但另一方面, 数天至数周毕竟仍是很容易错过的短时间, 从而必须及早发现, 也从而在很大程度上仰赖于 LIGO 和 Virgo 的早期定位. 因此, 针对 GW170817 的后续观测虽是电磁波天文学的天下, 引力波天文学在联合探索中所起的作用依然至关重要 —— 更何况我们很快将会看到, 引力波天文学还提供了有关波源质量的重要信息, 对波源的性质认定也起了关键作用.

④ 在观测链中唯一缺席的是中微子, 对此的一种可能的解释是: 我们的观测方向不在物质喷流的主方向上, 这种解释跟另一个现象 —— 即此次伽马射线暴的强度偏低 —— 也大体相容.

在这种大规模的搜索和观测中, 天文学家们对 GW170817 的光谱变化和亮度衰减等特征都作了细致记录, 汇集了丰富的数据. 初步的分析显示, 这些数据跟中子星双星合并的理论预期相一致. 当然, 这绝不是说一切问题都已经有了答案, 事实上, 对于规模如此宏大, 离我们如此遥远的天文事件, 毫无疑问会有大量细节有待进一步探索, 科学家们在这场观测盛宴中斩获的成果, 如同一座巨大的宝藏, 在未来很长的时间内都有细细发掘的余地.

2017 年 10 月 16 日, 有关 GW170817 的消息被正式发布.

跟一年多之前首次探测到引力波的 GW150914 不同, 此次消息的 "封锁" 力度弱得多, 泄密从观测到 GW170817 的第二天 —— 即 8 月 18 日 —— 就开始了, 堪称 "猖獗". 到后来, 距离消息发布还差十几天的时候, 就连 "LIGO 之父" 韦斯在麻省理工学院为他获得诺贝尔物理学奖举办的新闻发布会上, 也隐晦而公开地泄了密. 这一方面固然是因为经过一年多的时间及五组成功的引力波探测, 科学家们对此类探测的信心有了显著增加, 害怕泄密的程度大为降低; 另一方面, 则是因参与观测的人员实在太多, 使保密变得更为困难了.

不过尽管消息已在一定程度上遭到泄露, 事件的轰动性也因为是第六次而非第一次探测到引力波而有所降低, 但引力波和电磁波的双管齐下, 以及人类终于在真正视觉的意义上 "看见" 引力波源这一新特点, 依然使消息的发布变得非同小可. 这一点对学术界自身而言尤其如此. 10 月 16 日这一天, LIGO、Virgo 以及数十个天文台有关 GW170817 的不下于数十篇的联合论文、论文预印本及通讯 "井喷" 般地同时发表, 其中发表在《天体物理学期刊快报》上的一篇题为 "中子星双星合并的多信使观测" (Multi-Messenger Observations of a Binary Neutron Star Merger) 的长篇论文的署名作者多达 3600 人左右, 来自 900 多个科研院所, 占全球天文学家总数的 1/3 左右, 其规模之空前不仅大幅超越了一年半以前有关 GW150914 的论文, 以占全球天文学家总数的比例而论甚至有可能是绝后的. 观看 GW170817 的新闻发布会, 看到一个个观测台的科学家报告他们的发现, 以及发现的经过, 分享他们的兴奋、欣喜和幽默, 很难不被一种见证历史的激动所感染.

接下来我们略谈几句 GW170817 背后的物理.

跟黑洞双星合并是一种首次发现的全新现象不同, GW170817 并不人类首次发现中子星双星合并. 比 GW170817 早了四年, 一次标记为 GRB 130603B 的伽马射线暴被很多天文学家认为是首次发现中子星双星合并. 不过对 GRB 130603B 的观测跟 GW170817 相比是极为薄弱的, 对其作为中子星双星合并的性质认定也是相当间接的⑤. 相比之下, 受到近乎完美的观测链支持的 GW170817 的性质认定则明确得多, 这其中引力波探测不仅通过早期定位为后续观测提供了引导, 而且提供了电磁波天文学无法提供的重要信息: 双星质量.

针对引力波信号的分析表明, GW170817 的引力波源的 "啁啾质量" 仅为太阳质量的 1.2 倍, 远比此前探测到的任何引力波源都小得多 (这一点从此次信号的持续时间比以往任何一次都长得多就能定性地看出 —— 看不出的读者请温习第十五章). 与针对中子星双星合并的数值相对论计算所做的比较给出的进一步结论则是:

⑤ 这种间接认定所依据的是中子星双星合并的光学亮度大约比普通新星爆发高一千倍 (跟超新星相比则低两三个数量级) 这一理论估计, 以及持续时间不长于两秒的伽马射线暴 —— 即所谓短暂伽马射线暴 (short Gamma Ray Burst) —— 大都来自中子星合并这一理论猜测. GRB 130603B 符合这些条件, 因此虽对其质量等重要细节一无所知, 仍被间接认定为是中子星双星合并. 另外顺便提一下, 光学亮度比普通新星爆发高一千倍的这种现象被称为 "千新星" (Kilonova).

双星的总质量略小于太阳质量的 3 倍, 双星各自的质量则约为太阳质量的 1—2 倍⑥. 这种质量远小于迄今发现的黑洞双星中的黑洞质量, 与已知的中子星质量却符合得很好. 这一点, 以及在黑洞双星合并中缺席的各种电磁辐射的出现, 彻底排除了引力波源是黑洞双星的可能性, 与中子星双星的契合度最高. 另一方面, LIGO 探测到的引力波的最大频率达数百赫兹, 从而其中任何一个致密天体都不可能是白矮星⑦. 由此得出的有较大把握的结论是: GW170817 的背后是中子星双星合并. 这一结论不仅适用于 GW170817, 也有助于人们以较大的把握回溯性地重新确认四年前的伽马射线暴 GRB 130603B 源自中子星双星合并. 这些都是 "引力波天文学" 的重要贡献.

除对引力波源的性质认定外, 科学家们在综合了各类观测 —— 即所谓 "多信使观测" —— 之后, 对合并过程终了后的情形也有了一定的认识. 比如通过光谱分析, 科学家们在双星合并产生的物质喷流中直接证认出了金、铂、铀等重元素, 从而为我们在第十九章及第 210 页注 ③ 中提到过的, 中子星合并是产生恒星内部 "反应炉" 无法有效合成的重元素的主要机制这一理论猜测提供了很强的直接证据. LIGO 主管雷茨在 GW170817 的新闻发布会上介绍到这一点时, 特意从兜里拿出了一块金表, 风趣地表示其中的金子很可能就是中子星合并的产物. 对物质喷流的进一步分析还估计出了此次中子星双星合并所产生的重元素数量约为地球质量的 16000 倍左右, 其中仅金和铂这两种被人类视为贵重的金属就有十来个地球

---

⑥ 对双星各自质量的估计与星体的角动量有比较显著的依赖关系, 在现有的观测精度下只能给出比较宽的范围.

⑦ 因为白矮星的块头跟地球相近, 从而哪怕以光速绕转, 也无法达到数百赫兹的绕转频率.

那么多. 科学家们并且估计出了物质喷流的喷射速度高达每秒数万千米, 足可见出双星合并过程之剧烈.

物质喷流只是中子星的 “碎片”, 中子星双星的主体部分在合并后的结局又是什么呢? 对这一问题, 目前尚无定论, 一种推测是: 合并产物是一个质量约为太阳质量 2.74 倍的延迟坍塌的黑洞. 之所以认为合并产物是黑洞, 是因为合并产物只有两种可能性, 要么是黑洞, 要么是高速转动的超大质量中子星, 但高速转动的超大质量中子星会产生一系列可辨识的现象, 与实际的观测不甚相符, 因此黑洞的可能性更大; 之所以认为黑洞是延迟坍塌而非立即形成的, 则是因为基于后者的模型所预言的物质喷流规模较小, 与目前的估计不甚相符. 当然, 这都只是推测, 因为无论观测、估计还是模型, 在这些方面都还不足以起到确凿的筛选作用. 不过有一点可以肯定, 此次中子星双星合并的产物假如是黑洞, 将是目前已知最小的黑洞之一, 假如是中子星, 则是目前已知最大的中子星之一.

除提供有关中子星双星合并本身的丰富信息外, GW170817 的发现还具有更广泛层面上的重要意义. 比如在经过了长达 1.3 亿光年的跋涉后, 引力波与伽马射线暴的抵达时间只差 1.7 秒, 这给引力波速度与光速的可能差异设置了远比以往苛刻得多的上限. 更何况, 从物理上讲, 双星合并过程中引力波最强的时刻大致是两个中子星相互接触的时刻, 伽马射线暴则被认为是出现在两个中子星相互 “挤压” 到一定程度, 乃至出现物质喷流之后, 前者理应略早于后者. 而且跟引力波的不受阻隔不同, 伽马射线暴还有可能暂时受阻于双星外围的物质. 考虑了这些因素后, 引力波与伽马射线暴的抵达时间只差 1.7 秒很可能根本就不是问题, 广义相对论预言的引力波速度为光速则可被认为是得到了极强的支持⑧.

如果说, 第一次黑洞双星合并的发现揭开了引力波天文学的序幕, 那么中子星双星合并的发现则标志着引力波天文学与电磁波天文学的联手. 引力和电磁是目前已知的自然界仅有的两种长程基本相互作用, 基于这两种相互作用的天文学的联手, 使天文学进入了一个 “多信使” (multi-messenger) 的新纪元. 从某种意义上讲, 得到电磁波天文学的交互验证, 也在更确凿的程度上 —— 用 LIGO 前任主管巴里什的话说 —— “确立了作为新领域的引力波天文学”. LIGO 现任主管雷茨则将引力波天文学与电磁波天文学的联手比喻为由无声电影过渡到有声电影, 其中电磁波天文学提供 “图像”, 引力波天文学提供 “声音”. 由于这种重大意义, GW170817 的发现被《科学》杂志评为了 2017 年的年度突破奖, 并被一语双关地称为了 “宇宙交汇” —— 既是两颗中子星的交汇, 也是引力波天文学与电磁波天文学的交汇⑨.

⑧ 但凡广义相对论得到支持的地方, 也往往正是与之竞争的某些其他引力理论遭受挫折之处, GW170817 对引力波速度为光速这一广义相对论预言的支持也不例外. 此外, 作为 “更广泛层面上的重要意义” 的另一个例子, 顺便也提一下科学家们利用 GW170817 对哈勃常数 (Hubble's constant) 进行了独立测定 (结果与传统值相容, 但精度尚不高). 哈勃常数以往是只能凭借电磁波天文学来测定的, 如今却有了引力波天文学这一独立渠道来交互验证, 这无疑有着重要意义. 这样的交互验证今后显然还将不断进行.

⑨ 说到引力波天文学与电磁波天文学的交汇, 顺便提一下很多读者也许听说过的所谓 “原初引力波” (primordial gravitational wave). “原初引力波” 是暴胀宇宙论所预言的引力波, 产生于宇宙暴胀阶段, 是目前的一个新兴观测领域. 不过 “原初引力波” 本身虽是引力波, 人们如今试图探测的却只是其对宇宙微波背景辐射的影响 —— 确切地说是对宇宙微波背景辐射偏振模式的影响, 因此对 “原初引力波” 的探测其实是电磁波天文学而非引力波天文学的范畴.

二十四. 未来的乐章

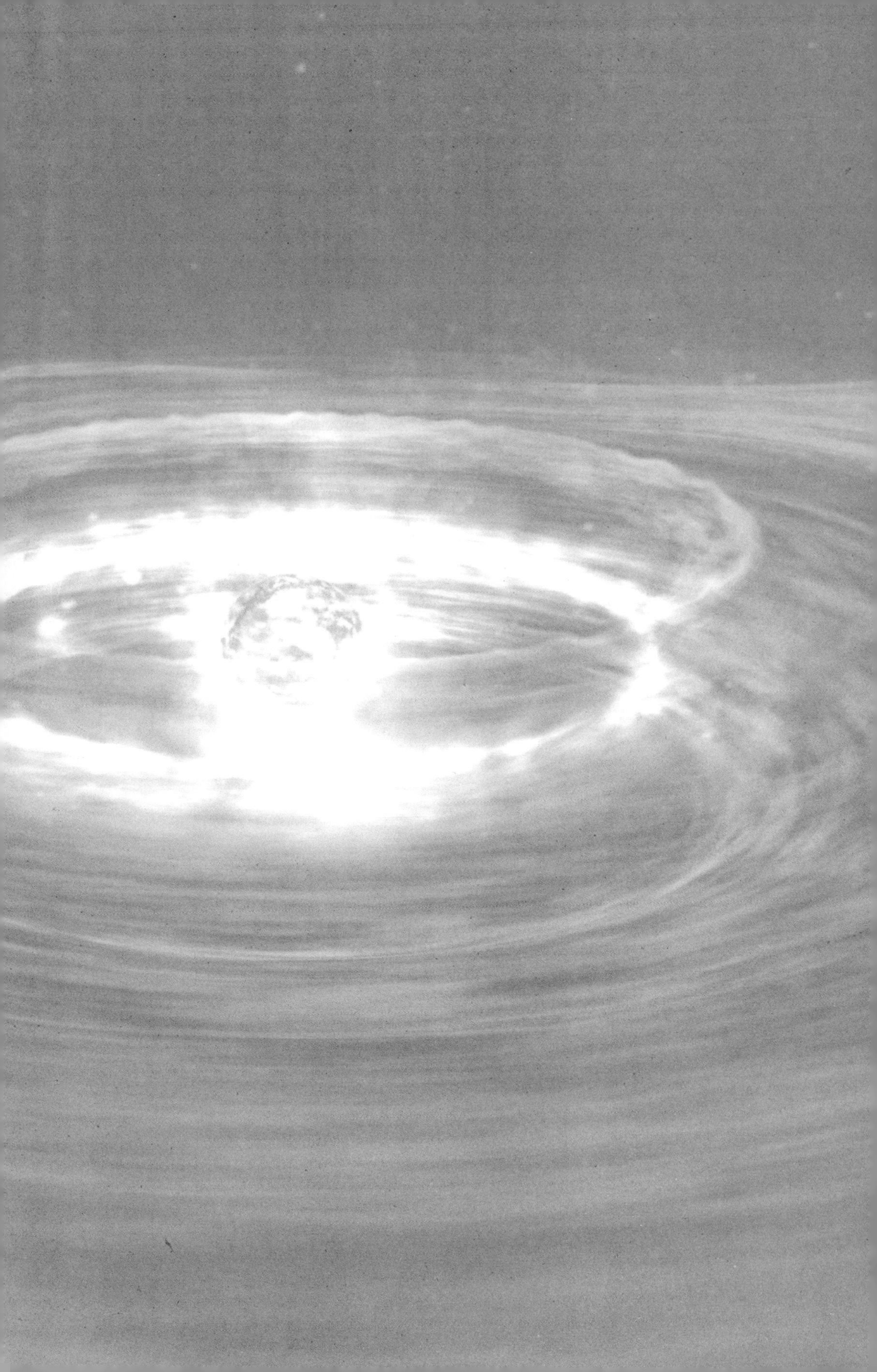

GW170817 的发现为一周后 —— 即 2017 年 8 月 25 日 —— 落幕的 LIGO 的 “第二次观测运行” 划下了漂亮的句号, 也让我们的引力波百年漫谈可以愉快地结束.

对于介绍一个方兴未艾的新领域来说, 结束之前, 照例得展望一下未来. 因此最后要提及的, 是未来的引力波天文台建设.

如果说昔日 LIGO 的建设在很多人乃至很多同行眼里是 “前途莫测、形同赌博” 的风险投资, 如同 “黑夜打靶” (忘了这些评语的读者请温习第十三章), 那么在见证了过去两年的六次成功探测之后, 引力波天文学已树立了必要的声望, 引力波天文台的建设则已有望在一定程度上加入常规科学基础设施建设的行列.

在下图中, 我们可以看到目前已建成、在建及拟建的引力波天文台的位置 —— 位于北美和欧洲的为 “已建”, 位于日本的为 “在建”, 位于印度的为 “拟建”.

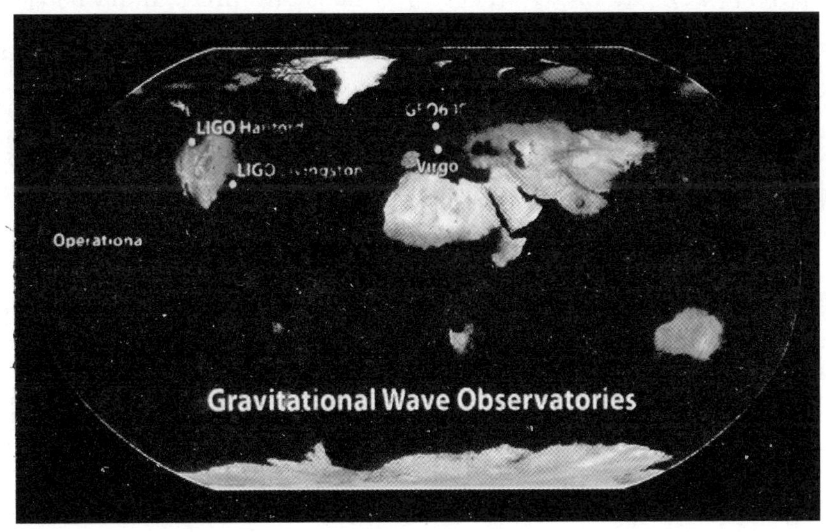

其中 “已建” 的除 LIGO 和 Virgo 外, 还有一个 GEO600, 这是位于德国的引力波天文台, 开工建设于 1995 年, 2006 年就已基本完工.

但 GEO600 的探测臂长度只有 600 米, 而且激光束只反射一次 (作为比较, LIGO 的激光束反射次数 —— 如第十四章所介绍的 —— 达 280 次, 探测臂有效长度几乎是 GEO600 的 1000 倍), 因此灵敏度远逊于 LIGO 和 Virgo, 迄今尚无斩获, 也因此不曾进入我们的漫谈. 不过 GEO600 对引力波天文学的发展有自己的一份贡献, 比如某些光学新技术是首先由 GEO600 进行研发和尝试, 然后才被用于 LIGO 和 Virgo 的.

图中 "在建" 的 KAGRA 是日本的 "神岡引力波探测器" (Kamioka Gravitational Wave Detector). KAGRA 是一座地下引力波天文台 (别忘了对引力波来说地球是透明的), 这座跟著名的 "超级神岡" 中微子探测器比邻而居的引力波天文台的探测臂长度跟 Virgo 相近, 约为 3000 米, 预计于 2018 年或 2019 年完工.

图中 "拟建" 的 LIGO India 顾名思义, 是印度的 LIGO, 其拟议中的探测臂长度跟 LIGO 相近, 约为 4000 米. LIGO India 的筹划起步于 2009 年, 但经费迟迟没有落实. 不过 LIGO 的成功看来对 LIGO India 起到了刺激作用, LIGO 探测到引力波的消息正式发布后仅隔六天, 2016 年 2 月 17 日, 印度总理就亲自宣布 LIGO India 已获得 "原则上" 的批准. LIGO India 预计于 2024 年完工.

上述引力波天文台都是 "陆基" 的, 彼此的规模、探测频率范围及探测能力都很相近. 除这类天文台外, 欧洲航天局 (European Space Agency) 有一个计划, 在太空中建一个引力波天文台, 称为激光干涉空间天线 (Laser Interferometer Space Antenna, 简称 LISA). LISA 将由三颗组成等边三角形、彼此相距 250 万千米的卫星组成. LISA 适合于探测低频 —— 低至毫赫兹 (mHz) 量级 —— 的引力波. 我们在前文 —— 比如第 163 页注 ② —— 中曾经说过, LIGO 的探测频率范围跟人耳能听到的声音频率范围有很大的重叠, 如果说, 这相当于开启了电磁波天文学中的可见光天文学的话, 那么 LISA 的低频探测能力就好比开启了射电天文学. 在电磁波天文学的发展史上, 每一个新波段的开启, 往往都是领域性的突破, 也往往意味着新发现, 从这个意义上讲, LISA 是非常令人期待的. 从具体现象上讲, LISA 的低频探测能力使它适合于探测星系中心的巨型黑洞吞并恒星时发射的引力波 (这已不再属于致密双星合并的范围, 因为恒星不致密, 星系中心的巨型黑洞则不是 "星" —— 即不是恒星级黑洞)①. LISA 预计于 21 世纪 30 年代投入使用.

当然, 蓝图归蓝图, 从现实的角度讲, 所有在建和拟建的工程都会受到各种因素影响, 从而在真正完工之前谁也说不准是否会半途而废. 不过另一方面, 像引力波天文学这样方兴未艾的新领域应该有足够强烈而持久的魅力, 吸引有志于科技发展的国家或组织参与. 任何个别工程的上马和下马也许会有偶然性, 对整个领域的发展却是有理由乐观的. 有幸处在引力波天文学的发展初期, 是年轻读者们的幸运 —— 他们中的某些人, 也许会成为未来引力波天文学的主力军.

本书到这里就正式结束了. 人类探索引力波的百年征程, 折射出一个小小蓝色星球上的智慧生物对广袤宇宙的无尽探索, 回望

① 请读者思考一下, 对 "星系中心的巨型黑洞吞并恒星时发射的引力波" 的探测为什么需要 "低频探测能力"? 如果答不上来, 请温习第十五章. 另外, 说到 "低频探测能力", 顺便也提一下具有这种能力的另一种手段: 脉冲星计时阵 (Pulsar Timing Array, 简称 PTA). 这是通过长期监测来自不同方向的数十颗周期特别稳定的脉冲星 —— 尤其是脉冲周期在毫秒量级的脉冲星 —— 的脉冲抵达时间, 从中寻找与引力波特性相吻合 (比如在角分布上呈现四极矩特点) 的抵达时间上的系统性变化, 这种变化很可能是引力波对地球附近时空的影响所致. 据分析, 脉冲星计时阵的探测频率可以低到微赫兹 (μHz) 甚至纳赫兹 (nHz), 对应的物理现象则包括质量达太阳质量的数十亿倍的超巨型黑洞的合并等. 脉冲星计时阵与一般的引力波天文台完全不同, 主要是通过射电望远镜收集数据. 这方面的探测其实已经展开, 不过探测能力的提升有赖技术的发展、更多射电望远镜的参与, 以及更多周期稳定的毫秒级脉冲星的发现.

这一切, 不能不让我们在感慨宇宙浩瀚和人类渺小的同时, 为人类的探索精神感到自豪. 电磁波天文学在伽利略以来的四百年间已取得无数进展, 新兴的引力波天文学将带来的未来的乐章会是什么样的呢? 让我们拭目以待.

最后, 我愿用一句动人 —— 虽不免也有些老套 —— 的歌词来形容引力波天文学的未来, 那就是 ——

明天会更好!

后 记

在不太久远的过去, 曾有一段时间, 大科学家犹如英雄或明星, 一举一动都牵动媒体和大众的注意. 爱因斯坦不用说, 就连玻尔 (Niels Bohr) 这位如今很多非物理专业的人听都未必听说过的物理学家, 在 1923 年底赴美讲学时, 都曾受到媒体追踪,《纽约时报》还数度推出长文. 据当时的报道, 玻尔理论甚至在平时不谈科学的人群之中也成了流行话题.

随着物理学革命年代和英雄年代的远去, 在我和读者这一代 (抑或两代 —— 考虑到我怕是已挤不进读者这一代), 这种情形已不大见到了 (因身体缘故成为明星的霍金也许是唯一例外).

当然, 在互联网等新兴因素的促进下, 在较低的程度和较短的时间里, 科学热点仍是有的 —— 虽只是偶尔.

其中的一次是 2016 年 2 月 11 日, LIGO 宣布探测到引力波.

那一次, 我也厕列于 "吃瓜群众" 中.

非常巧的是, 之后不久, 高等教育出版社的一位编辑因试图转载我的一篇文字而与我建立了联系, 且顺便谈及了合作可能. 我在《经典行星的故事》[①] 一书的后记中曾经提到, 科学出版社和高等教育出版社是我从小就印象深刻的两个出版社. 对于跟那样的出版社合作, 懒散如我也是不愿错过的, 虽手头并无稿件, 还是毅然开出了 "空头支票", 表示可以写一个关于引力波的系列.

那位编辑表示有兴趣, 并让我跟另一位编辑联系具体事宜, 于是有了《时空的乐章 —— 引力波百年漫谈》这本书.

这么说也许听起来很轻巧, 但其实, 在开出 "空头支票" 之初, 我心中是不无忐忑的 —— 因为对 LIGO 宣布探测到引力波一事, 我其实略怀担忧. 这担忧有两个缘由: 一是 LIGO 几乎一展开探测就成功了, 似乎过于凑巧, 若后续探测不能显示足够高的探测频率, 如

① 《经典行星的故事》由科学出版社 2016 年 12 月出版.

此凑巧恐会引发疑虑; 二是我在《霍金的派对: 从科学天地到数码时代》一书中曾经介绍过一次后来被证实为 “乌龙” 的原初引力波探测[2], 那前车之鉴使我对 LIGO 宣布探测到引力波一事是否会步其后尘多了一层担忧.

不过幸运的是, 但凡应约写书, 我的惯例是要待合同签完才动笔, 故而真正动笔已是 2016 年的 7 月, 那时 LIGO 第二次探测到引力波的消息也已发布, 打消了我的担忧.

而且有趣的是, 后来写到有关 LIGO 初次探测到引力波的章节, 在查资料时, 发现 LIGO 内部对初次探测也曾有过担忧, 且主要的缘由恰恰是我所担心的那两条 (参阅第二十章). 这于我是虽不敢自夸为 “英雄所见略同”, 起码也有所鼓舞的.

这本书还有一处是幸运的, 那就是动笔一年多之后, 居然遇上了中子星双星合并的发现, 从而有机会将之写入书中. 这可以说是写作速度缓慢这个大缺点首次带给我幸运. 而更幸运的则是, LIGO 在那之后很快结束了所谓的 “第二轮观测运行”, 转入设备的维护和更新, 替我免除了追逐一个动态领域不得不面对的何时终稿的抉择.

趁 LIGO 尚未展开 “第三轮观测运行”, 就此终稿吧.

2016 年 5 月 26 日

---

② 关于这一 “乌龙”, 可参阅《霍金的派对: 从科学天地到数码时代》(清华大学出版社 2016 年 4 月出版) 的序言.

参考文献

[1] Aristotle, *The Works of Aristotle*, vol. 1 (Encyclopaedia Britannica Inc., 1994).

[2] M. Bartusiak, *Einstein's Unfinished Symphony: Listening to the Sounds of Space-Time*(Berkley Publishing Group, 2000).

[3] M. Bartusiak, *Einstein's Unfinished Symphony: The Story of a Gamble, Two Black Holes, and a New Age of Astronomy* (Yale University Press, 2017).

[4] D. G. Blair (eds), *The Detection of Gravitational Waves* (Cambridge University Press, 1991).

[5] A. Buonanno and B. S. Sathyaprakash, *Sources of Gravitational Waves: Theory and Observations*, arXiv:1410.7832v2 [gr-qc] 2 Apr 2015.

[6] A. Calaprice *et al*, *An Einstein Encyclopedia* (Princeton University Press, 2015).

[7] T. Callister *et al*, *Polarization-based Tests of Gravity with the Stochastic Gravitational-Wave Background*, Phys. Rev. X 7, 041058 (2017).

[8] J. L. Cervantes-Cota, *et al*, *A Brief History of Gravitational Waves*, Universe 2016, 2, 22; doi:10.3390/universe2030022.

[9] M. W. Choptuik, *et al*, *Probing Strong Field Gravity Through Numerical*

Simulations, arXiv:1502.06853v1 [gr-qc], 24 Feb 2015.

[10] I. Ciufolini *et al* (eds), *Gravitational Waves* (IOP Publishing Ltd., 2001).

[11] I. Ciufolini and J. A. Wheeler, *Gravitation and Inertia* (Princeton University Press, 1995).

[12] I. B. Cohen, *The Birth of a New Physics* (W. W. Norton & Company, 1985).

[13] H. Collins, *Gravity's Shadow: The Search for Gravitational Waves* (University of Chicago Press, 2004).

[14] H. Collins, *Gravity's Kiss: The Detection of Gravitational Waves* (The MIT Press, 2017).

[15] M. Colpi *et al* (eds), *Physics of Relativistic Objects in Compact Binaries: From Birth to Coalescence* (Springer, 2009).

[16] J. D. E. Creighton and W. G. Anderson, *Gravitational-Wave Physics and Astronomy: An Introduction to Theory, Experiment and Data Analysis* (Wiley-VCH, 2011).

[17] C. Cutler and K. S. Thorne, *An Overview of Gravitational-Wave Sources*, arXiv:gr-qc/0204090v1 30 Apr 2002.

[18] T. Damour, *1974: The Discovery of the First Binary Pulsar*, Classical and Quantum Gravity, vol. 32, 124009; arXiv:1411.3930 [gr-qc].

[19] A. Einstein, *The Collected Papers of Albert Einstein*, vol. 6, English Translation of Selected Texts (Princeton University Press, 1997).

[20] P. G. Ferreira, *The Perfect Theory: A Century of Geniuses and the Battle over General Relativity* (Houghton Mifflin Harcourt, 2014).

[21] Gilbert, *et al*, *Great Books of the Western World*, vol. 28 (Encyclopaedia Britannica Inc., 1978).

[22] S. S. Gubser and F. Pretorius, *The Little Book of Black Holes* (Princeton University Press, 2017).

[23] H. Gutfreund *et al*, *The Road to Relativity: The History and Meaning of Einstein's "The Foundation of General Relativity"* (Princeton University Press, 2015).

[24] P. S. Joshi, *Global Aspects in Gravitation and Cosmology*, (Oxford University Press Inc., 1993).

[25] D. Kennefick, *Traveling at the Speed of Thought: Einstein and the Quest for Gravitational Waves* (Princeton University Press, 2007).

[26] D. Kennefick, *Einstein versus the Physical Review*, Physics Today, September 2005, 43-48.

[27] M. Kervaire and A. Mercier (eds), *Jubilee of Relativity Theory* (Birkhäuser-Verlag, 1956).

[28] L. Krauss, *What Einstein Got Wrong*, Scientific American, September 2015, 51-55.

[29] LIGO Scientific Collaboration and Virgo Collaboration, *Predictions for the Rates of Compact Binary Coalescences Observable by Ground-based Gravitational-wave Detectors*, Class. Quant. Grav. 27:173001, 2010; arXiv:1003.2480 [astro-ph.HE].

[30] LIGO Scientific Collaboration and Virgo Collaboration, *Observation of Gravitational Waves from a Binary Black Hole Merger*, Phys. Rev. Lett. 116, 061102 (2016).

[31] LIGO Scientific Collaboration and Virgo Collaboration, *Properties of the Binary Black Hole Merger GW150914*, Phys. Rev. Lett. 116, 241102 (2016).

[32] LIGO Scientific Collaboration and Virgo Collaboration, *An Improved Analysis of GW150914 Using a Fully Spin-Precessing Waveform Model*, Phys. Rev. X 6, 041014 (2016).

[33] LIGO Scientific Collaboration and Virgo Collaboration, *GW151226: Observation of Gravitational Waves from a 22-Solar-Mass Binary Black Hole Coalescence*, Phys. Rev. Lett. 116, 241103 (2016).

[34] LIGO Scientific Collaboration and Virgo Collaboration, *GW170104: Observation of a 50-Solar-Mass Binary Black Hole Coalescence at Redshift 0.2*, Phys. Rev. Lett. 118, 221101 (2017).

[35] LIGO Scientific Collaboration and Virgo Collaboration, *GW170814: A Three-Detector Observation of Gravitational Waves from a Binary Black Hole Coalescence*, Phys. Rev. Lett. 119, 141101 (2017).

[36] LIGO Scientific Collaboration and Virgo Collaboration, *GW170817: Observation of Gravitational Waves from a Binary Neutron Star Inspiral*, Phys.

Rev. Lett. 119, 161101 (2017).

[37] LIGO Scientific Collaboration and Virgo Collaboration, *et al*, *Multi-messenger Observations of a Binary Neutron Star Merger*, Astrophys. J. Lett. 848, L12 (2017).

[38] LIGO Scientific Collaboration and Virgo Collaboration, *et al*, *Gravitational Waves and Gamma-Rays from a Binary Neutron Star Merger: GW170817 and GRB 170817A*, Astrophys. J. Lett. 848, L13 (2017).

[39] G. E. R. Lloyd, *Early Greek Science: Thales to Aristotle*, (W. W. Norton & Company, 1970).

[40] Lucretius, Epictetus, M. Aurelius, *Great Books of the Western World*, vol. 12 (Encyclopaedia Britannica Inc., 1952).

[41] M. Maggiore, *Gravitational Waves: Volume 1: Theory and Experiments*, (Oxford University Press, 2007).

[42] D. V. Martynov *et al*, *The Sensitivity of the Advanced LIGO Detectors at the Beginning of Gravitational Wave Astronomy*, arXiv:1604.00439v2 [astro-ph.IM]

[43] C. W. Misner, K. S. Thorne and J. A. Wheeler, *Gravitation* (W. H. Freeman and Company, 1973).

[44] C. Møller, *The Theory of Relativity* (Oxford University Press, 1972).

[45] I. Newton, *The Principia: Mathematical Principles of Natural Philosophy* (University of California Press, 1999).

[46] A. Pais, *Subtle is the Lord*, (Oxford University Press, 1982).

[47] F. Pretorius, *Evolution of Binary Black-Hole Spacetimes*, Phys. Rev. Lett. 95, 121101 (2005).

[48] F. Pretorius, *Binary Black Hole Coalescence*, arXiv:0710.1338 [gr-qc].

[49] K. Riles, *Gravitational Waves: Sources, Detectors and Searches*, arXiv:1209.0667v3 [hep-ex].

[50] B. S. Sathyaprakash and B. F. Schutz, *Physics, Astrophysics and Cosmology with Gravitational Waves*, Living Rev. Relativity, 12, (2009), 2.

[51] P. S. Saulson, *Physics of Gravitational Wave Detection: Resonant and Interferometric Detectors*, In *Proceedings of the XXVIth SLAC Summer Institute*, ed. Lance Dixon, pp. 113–62. Stanford, CA: SLAC-R-538. [Reports a meeting of 1998.].

[52] G. Schilling, *Ripples in Spacetime* (The Belknap Press of Harvard University Press, 2017).

[53] C. F. Sopuerta (eds), *Gravitational Wave Astrophysics: Proceedings of the Third Session of the Sant Cugat Forum on Astrophysics*, (Springer, 2015).

[54] K. S. Thorne, *Black Holes & Time Warp: Einstein's Outrageous Legacy*, (W. W. Norton & Company, 1994).

[55] R. M. Wald, *General Relativity*, (University Of Chicago Press, 1984).

[56] S. Weinberg, *Gravitation and Cosmology: Principles and Applications of the General Theory of Relativity*, (John Wiley & Sons, Inc., 1972).

[57] S. Weinberg, *To Explain the World: The Discovery of Modern Science*, (HarperCollins Publishers, 2015).

[58] J. M. Weisberg, *et al*, *Gravitational Waves from an Orbiting Pulsar*, Scientific American, vol. 245, Oct. 1981, p. 74-82.

[59] J. M. Weisberg and J. H. Taylor, *Relativistic binary pulsar B1913+16: Thirty years of observations and analysis*, ASP Conf. Ser. 328 (2005) 25; astro-ph/0407149.

[60] J. M. Weisberg, *et al*, *Timing Measurements of the Relativistic Binary Pulsar PSR B1913+16*, The Astrophysical Journal, 722:1030-1034, 2010 October 20.

[61] J. A. Wheeler, *A Journey into Gravity and Spacetime*, (W. H. Freeman and Company, 1990).

[62] C. M. Will, *Was Einstein Right? Putting General Relativity to the Test*, (BasicBooks, 1993).

[63] L. Witten, *Gravitation: An Introduction to Current Research*, (Wiley, New York, 1962).

[64] M. R. Wright, *Introducing Greek Philosophy*, (University Of California Press, 2010).

[65] 胡宁,《广义相对论和引力场理论》(科学出版社, 2000).

[66] 刘辽、赵峥,《广义相对论》(高等教育出版社, 2004).

名词索引

人名索引

郑重声明